邊工作邊創業！

会社で働きながら6カ月で起業する

照著做就能成功的6個月斜槓創業法

新井一——著 楊毓瑩——譯

想創業，不用急著辭職。

用獨家「6個月創業時間表」，
Step-by-step 提升斜槓所需的知識、人脈與資金。
→ 讓你用最低的風險，幫自己創造第二份薪水！

前言

只要知識、人脈、資金在手，人人都可以創業

有越來越多人對副業和創業感到興趣。

我想這是因為現今的社會令人感到窒息。我身邊有很多工作到把身體累壞、精神出問題而停職的人。並且，雖然日本政府推動「勞動改革」，修改了加班法規，但有些人卻反而變得不知道如何利用空閒時間，只會發呆、有的人因為沒了加班費導致收入變少、有些人把工作帶回家做等，這種情況強迫我們必須更深入思考什麼才是「幸福的工作方式」。

一早，街上到處都是趕著去上班的上班族。很多人擠在沙丁魚電車中，在打卡前10分鐘坐在電腦桌前，一直工作到傍晚，每天過著這樣的日子。

我看到越來越多人「想要脫離這樣的日子，讓心靈稍微變得從容，並感到一丁點的幸福」。

我們可以預期社會保險費用的負擔將會增加，漲稅也無可避免，因此無論是正職或非正職員工，絕對無法樂觀看待上班族的收入。「夫妻兩人65歲退休後，若再活三十年，退休金將短缺2000萬日圓」聽到這種話，應該有不少人會開始擔心未來。

基於此，現在有很多人開始關心**「創業」這個選擇**。

除了擔心經濟之外，也有越來越多人渴望擁有自己的時間和做決定的自由，「想要靠自己喜歡的事創業」，很多會前來找我諮詢的人，都是擁有這種想法的人。

然而，大部分的人雖然當了很久的上班族，卻沒有創業的經驗。初次創業的人，一定有很多不懂的地方。所以，創業確實是一件頗有難度的事。

例如，二〇〇二年的中小企業白皮書，經常被拿來說明個人事業的實際情況，根據這份報告，自營業者的歇業率，在創業第一年為37．7％、第三年為62．4％。創業十年後上升為88．4％。約九成的人創業（獨立）後，也被迫歇業。

因此，我建議想創業的人，可以「一邊上班一邊準備創業」。也就是說，先嘗試做副

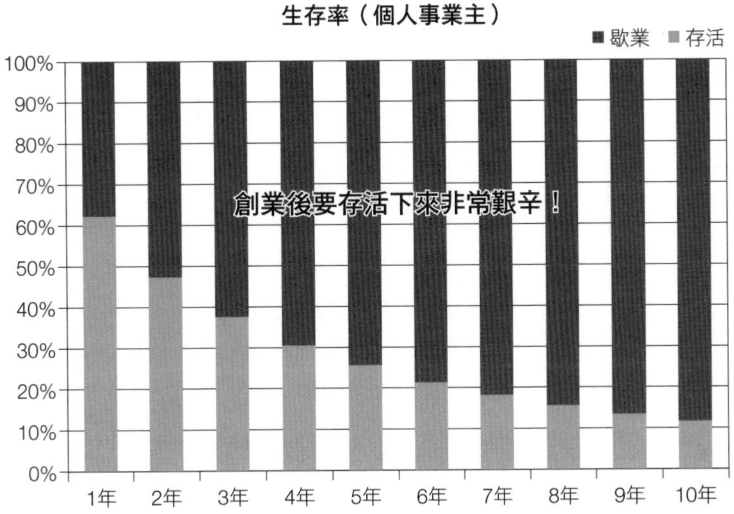

（資料）中小企業白皮書（2002年）

業，做得有模有樣的話，就可以開始創業。

二〇一八年日本厚生勞動省彙整「有關促進副業・兼職指導大綱」，將禁止副業的規定從「模範就業規則」中刪除，因此部分大企業開始允許員工從事副業或兼職。副業解禁的風潮持續至今，除了有越來越多人把副業的經驗運用在本業上之外，我身邊也一直有人成功把副業發展成事業。

勇敢追夢聽起來很浪漫，許多前輩也說創業就是一種夢想，然而面臨創業一年後以失敗收場的機率為四成的現實，若有方法可以避免自己落入這種下場，大家都會想試試看吧！

實際上，若一邊上班一邊從副業開始打拚，就能從各種錯誤中學習，降低創業後在短期內便收場的風險。為了避險發生花光積蓄又失業這種最糟的情況，我建議你邊上班邊投入創業。

那該怎麼做才能實現這個做法？

有什麼方法可以繼續上班，並做自己想做、喜歡做的事情，準備創業嗎？

答案是「有」。不過，並不是只要乖乖照方法做就能保證成功。

到目前為止，我已經協助過一萬名以上的上班族「辭掉工作，準備創業」，在這個過程當中，我發現了一件事。

那就是成功創業、順利讓事業步上軌道人，很完美地兼具了三種能力，而馬上放棄的人以及永遠創業不了的人，這三種能力的分布則不均衡。

這三種能力分別是「**知識**」、「**人脈**」、「**資金**」。

「知識」是讓我們前進的力量。透過經驗獲得豐富的智慧和知識，我們就能做很多事。例如想出新的商業點子、防範問題發生、有效處理問題、採取行動時有更多選擇等。創業需要很多知識，包括商品知識、行銷知識、處理風險的知識、相關的法律知識、會計、稅金知識等。

「人脈」是支援、提升我們的力量。可以直言不諱的老友、同事、家人、公司的客戶、顧客、可以討論創業的朋友等，都是創業所需的人脈，與眾多人建立關係，獲得他們的協助和理解並發展事業。

無論是學習「知識」或培養「人脈」，都需要利用「資金」的力量。並且，這也是讓所有活動能穩定進行的力量，也相當於追夢的門票。生活資金、創業投資資金、創業後的營運資金等，想創業就必須考量各種與「錢」有關的問題。

本書針對剛開始萌生創業念頭的人，將「上班族6個月創業法」分成四個步驟，個別從「知識」、「人脈」、「資金」的力量去說明。

本書教的，不是讓行動力不足的人眼睛發亮的「投機取巧的知識」，光說不練的人再也不能把「這些方法不適合自己（就是不願意做而已）」當藉口合理化自己的無作為。當然，這也不是一本自我啟發的書。

本書提供「**創業地圖**」，告訴你想創業的人必須擁有哪些「**最低限度實務經驗**」，以及在實務中最重要的「**情緒控制方法**」、「**思維**」等，按部就班指導你該做什麼。

雖然「網路上也找得到這類資訊」，但是若你知道怎麼做，卻仍無法在半年內創業，或許就表示少了臨門一腳。請一定要看完這本書。

「落實」本書的內容，就能培養創業必備的三種能力，讓你在各領域都能成功創業。

那麼，就讓我們開始上課，教你如何實現夢想吧！

今天也要笑著迎接新的一天。

新井一

目錄

第2章

第一個月：創業心態訓練

第3章

第二個月前要做完的事：決定商品——想點子&商品

第4章

第四個月前要做的事：鍛鍊行銷能力

獲得75分的「知識」力量

第5章

第六個月前要做完的事：提升銷售能力和信用度

把「知識」提高至100分，創業吧！

靠100分的「人脈」力量飛躍

第1章

上班族也能在短短180天內創業！

❑ 完美主義是準備創業的最大敵人

想要創業，必須均衡地培養「知識」、「人脈」、「資金」三種能力。我至今協助過一萬名以上上班族創業，看過很多例子。有人創業慘敗，也有「在公司被當作廢咖」的年輕人，很快就創業成功了。為什麼為這樣？關鍵還是在於「知識」、「人脈」、「資金」的平衡。

這三種能力，並不是其中一種越突出越好，最重要的是各種能力的水準（強度）要符合自己所處的階段，以及三者達到平衡。

那麼，讓我來簡單介紹這三種能力。

首先是「知識」的力量。這是指從經驗中獲得的智慧和知識（※並非指為了考取證照等而學習的知識）。

追求完美的話，知識可說是學都學不完。不過，創業**至少需要三種知識**。

第一種是之後即將談到的**專業知識**。

聽到我這麼說，有些人會開始擔心「自己沒有專業知識」。然而，不必想得這麼難。完美主義是準備創業過程中，最大的敵人之一。請放輕鬆。你並不是要成為學者或研究人員，何況只要實際投入事業，就能在現場學到必要的知識。也就是說，客人會讓你成長。

若想要從自己喜歡或擅長的事情開始創業，只要先讀幾本相關書籍，學會基礎知識就夠了。我看過很多人因為沒信心創業，所以努力吸收知識、上課、考證照，但這樣做其實把**順序顛倒了**。

做本業的工作也一樣，光是一直看手冊，記得住工作嗎？實際動手做、遇到不懂的地方再查詢、請教前輩，慢慢進步才對吧。創業也是如此。

例如，假設你的創業目標是「開設心理諮詢工作室」。光是靠學校所學的諮詢技術，就能創業嗎？發展心理諮詢事業跟擔任心理諮詢師是兩回事。

創業時，必須先翻書，從書裡面吸收二十分（滿分為一百分）的專業知識，接著再學習必要知識。

「必須先學完全部」的想法，會讓你永遠都創不了業。這樣的想法，只會使你替膽怯的自己「找理由拖延創業」、「找藉口放棄創業」。告訴自己「做了再說！船到橋頭自然直！」，並立刻修正軌道。

❑ 讓客人認識你非常重要

吸收二十分專業知識後，接著須要學習的是**獲得顧客的知識**。

無論你的諮詢技巧再怎麼高明，只要沒有業績，那就只能算是興趣。說殘忍一點，就像在玩扮家家酒一樣。想要創業，就要了解並落實吸引顧客的機制和宣傳方法。

獲得顧客的知識百百種，主要的方法包括讓顧客感興趣的**「廣告詞」**、打開自己或商品知名度的**「曝光」**以及**「經營、活用社群網站（SNS）」**。

擁有再高超的技術和再棒的商品，若顧客無從得知，就不可能變成一門生意。創業後很快收場的人，最典型的就是太努力學習專業知識、太拘泥於一定要提供最高品質的服務，並且誤會「努力就能吸引得到客人」。另外，我也常常看到有人因為害羞或害怕被公司發現，所以不敢大肆宣傳，最後導致「**自己沒沒無名**」。

想帶動事業成長，一定需要業績。掌握做出業績的方法，勝過一切。

❑ 不會管理數字，就等於掐住自己的脖子

最後一個創業所需的必要基本「知識」，是**經營管理的知識**。

說經營有點太籠統，主要指的是管理事業上的數字和風險、管理決策方針和目標以及每天的動機和自我管理等，可說是「**雜事管理知識**」。

由於我們的目標是創業成功，所以最後能把錢留住很重要。想要創業成功，就必須管理業績和支出經費。為了繳交稅金，也必須紀錄會計帳簿。

上班時，由於每個人的職務不同，所以有些人並不習慣管理數字。不過，如果「記帳太隨興」，就會不知道到底有沒有賺錢。例如，不知道能編列多少預算投資廣告宣傳。做迷糊

帳的話，很可能引發嚴重問題，導致事業做不下去。數字管理可說是相當重要的業務。

商品製作完成後再過幾個月，就可以開始進行銷售。事業在這一階段無法成長的人，就是沒有做好數字管理。最常見的失敗模式就是，把過去準備創業所花的費用當作「損失」，覺得「自己已經賠了10萬日圓」，「不想再賠錢」。一旦產生這種想法，便無法思考接下來該投資什麼，帶動事業成長。除非是非常幸運的人，否則大概到這裡就喊卡了。

另外，懂得管理數字的人，會去思考「想要把之前的支出賺回來，要在○年以○日圓的價格，賣出○個商品。所以，可以先辦一個體驗活動，每個月邀請○○○名潛在顧客參加，其中只要有○%、○○人購買即可。價格最低可以到○○○日圓」等，擬訂正確的目標。他們會計算獲得一位顧客的費用，再決定廣告宣傳費的預算等，有條理地邁進另一階段的成長。

另外，或許算是極端的例子，不過還真的有人把利潤跟私人的錢混在一起，拿來出國旅遊等遊樂。對自營業者而言，事業所賺到的錢就等於自己的錢，不過事業上有些支出必須從利潤來支付，例如我剛剛提過的，不繼續投資，事業就不會成長。況且，利潤還必須拿來繳稅。**不好好管理數字，倒大楣的還是自己**。

寫到這裡，或許有人會覺得「自己對數字不敏銳，應該做不到……」。然而，這都還只是很久之後的事。在目前的階段，只要養成習慣，把支出紀錄在筆記本或Excel、拿收據即可，不必擔心太多。

❑ 依靠別人並不是壞事

下一種力量是「人脈」。無論是在準備創業的過程中或之後離職創業，「人脈」的力量都非常重要。我在「前言」中也說到，「人脈」可以支持、拉我們一把。少了「人脈」，就會在同一個階段打轉。

即使是一邊上班一邊投入的小事業，實際開始做了之後，都會面臨許多煩惱。不知道哪裡做錯、不曉得如何是好。有時候，甚至會產生負面思考，認為自己不被社會所需、懷疑自己不會有成功的一天。打開社群網站，每個人似乎都過得很幸福順遂。

這種時候，如果**有聽你說話的人**（朋友或一樣懷抱創業夢的朋友等）、**認同你的人**（家人或男女朋友等）、**願意支持你的人**（客戶、創業前輩等），你就能更有信心，心情也能放輕鬆。

雖然和別人聊聊也不一定想得到方法，不過遇到問題的時候，拜託別人幫忙絕對不是壞事。找值得信賴的人聊聊，就能恢復冷靜，避免被別人抓住弱點利用、甚至受騙。

運用「人脈」時，必須注意兩點。

那就是，**「好朋友一起創業，要有友情可能決裂的覺悟」**。由兩個人掌舵的組織，是相當不穩的。你一開始以為「只要每次做決定前先討論就可以了」，但若對方要你「出錢不必出意見」，你會主動乖乖閉嘴嗎？與朋友創業時，一定要好好想想每個人的目標、態度以及決策速度的差異。

並且，創業者當中，也一定有人因為「家人不諒解，所以放棄創業」。**少了家人的理解和支持，準備創業將會變得異常艱辛**。

家人主要是擔心創業者會失去經濟來源（穩定的收入）。理解家人的心情，充分向家人說明自己為什麼要一邊上班一邊準備創業，盡一切努力對家人負責。

❑ 創業需準備的三種資金

最後一種力量是「資金」。資金不只是獲得「知識」、建立「人脈」的力量，也是進行所有活動的必要條件。我們經常看到書籍或廣告號稱不花半毛錢就能創業，這些都只是吸睛的廣告詞罷了。移動需要交通費、開會也要買咖啡，筆記本和筆又是一筆花費。

準備創業所需的錢有三種。

第一種是離職後用來養家的「**生活資金**」。最理想的存款金額，是讓家人一年內在沒有收入的狀態下，也不必擔心房租、學費。

第二種是發展事業的「**投資資金**」。添購電腦等設備、建置網站、購買辦公室用品等，實際上要支出的費用相當多。

最後，還有很容易被忽略的「**創業後的營運資金**」。只有創業是無法運轉的。

還必須加入燃料。想打廣告，就要花廣告費、想要請人手，就要花人事費、想要當代理商，就要有進貨的資金。

就像這樣，創業必須考量各種「費用」。

有時候，我會遇到一些準備創業的人認為「希望不要虧任何一毛錢」在「（初期）投資」和「營運資金」上。然而，任何創業都必須花錢。

若你希望能創業並辭職，那麼請開始一點一滴存錢，作為離職後的生活費。並且，也要有一筆可以準備創業的錢（初期投資的資金），以及留一點營運資金拿來投資，創造利潤。

雖然投資需要錢，但若一邊上班一邊準備創業，**就不必借錢籌措這筆資金**。例如，每個月固定存30000日圓作為辭職後的生活費、5000日圓作為營運資金。就初期投資的部分，列出必須購買的用品，從目前的存款中支出。沒有存款的話，則每個月固定存7000日圓作為初期投資的資金。請照這樣的感覺擬訂計畫。

等事業稍微成形後，再增加營運資金，帶動營業額成長。然後，增加生活費的存款，準備辭職創業。

「一邊上班，一邊在180天內培養」「知識」、「人脈」、「資金」三種力量，是上班族成功創業的最大秘訣。

□ 創業研討會無法讓你學到「實戰知識」

一般而言，創業講座可分為**「官方」**和**「民間」**兩種。基本上，官方講座介紹的大多是提供補助款、資金籌措等資訊。民間的講座，若是由稅務師等領有證照的老師主辦，多是介紹法律、稅務資訊等；若是由企業主辦，則大多介紹動機提升（吸引聽眾進行諮詢）、IT（吸引聽眾建置網站）、社群網站行銷（吸引聽眾參加補習班）、從事仲介、聯盟行銷（Affiliate Marketing）等特定知識。

參加講座雖然可以迅速獲得知識，但是「聽過創業講座，就真的能立刻創業嗎？」，倒是令人懷疑。

講座講授的是一般知識，然而這些知識與從經驗中汲取的「實戰知識（智慧）」，也無法獲得「人脈」和「資金」。

況且，創業補習班和專業課程的費用也所費不貲。隨著創業和副業越來越盛行，費用只會越來越高。三個月50萬日圓、半年100萬日圓的講座，現在早已見怪不怪。

另外，利用講座入口網站等平台，以超低價格提供輔導面談的業者，為了後續能販售高價服務，也會做假評價，但其實力和效果卻令人大打問號。

若先行投資的金額過高，自然也會削弱資金的力量。不過，如果只想要便宜，根據假評價來選老師，就只是浪費你寶貴的時間。從時間就是金錢的想法來看，浪費時間也等於是金錢上的損失。

若想要創業，**在初期階段確實培養這三種能量非常重要**。一開始就走錯路，會令自己沮喪並受挫。

如果你堅持「自己必須上課和接受老師的指導」，那麼請廣泛地吸收各方面的「知識」、選擇實在、品質佳的課程和老師，避免一開始就限制了自己的可能性。

我要推薦一個篩選課程、老師的簡單方法，也就是**瀏覽部落格和社群網站上面的照片**。檢查老師是否真的有開設演講、講座、課程？有沒有顧客與員工接觸的畫面等。看看是不是只有「站在白板前說話的照片」，或者只拍到臨時演員背影的「面談照片」等，進行簡單的確認。

部落格或社群網站上的照片，代表老師舉辦活動時的真實情景和專業等級。文章要多少有多少，但記錄日常活動的照片，可沒那麼容易騙人。

❑ 號稱「輕鬆賺」的副業是行不通的

很多人創業的目標之一是「賺得比現在更多」。然而，就算你努力拚業績，一開始也可能只有少少的幾千日圓。面臨這種情況時，有些人會逐漸被「不勞而獲」、「一夜致富」、「人人都能輕鬆賺」、「鑽法律和制度漏洞」等「絕對能賺錢」的方法迷惑。

例如，最近熱潮減退的虛擬貨幣。大眾會追逐迅速致富的方法，有些人賺進大筆財富、成為「億萬富翁」，但有更多人是小賺大賠。雖然可以從中體悟到「天下沒有不勞而獲的事」的教訓（智慧），但損失應該也很慘重。

除了虛擬貨幣之外，許多流行性的投資講座，也會吸引群眾跟風。當然，其中也有好的講座。不過，我也聽說有些會假借投資講座之名行傳銷之實。

這些號稱絕對會賺錢的方法，是利用奉獻於人和社會，博取他人的信用和信任，再藉信用和信任換取金錢，根本不是**「經營」知識**。用這些方法去賺錢，頂多就是學會用話術讓別人停止思考、受控於自己，以及斂財的技巧。假設你有這種朋友，你會想和他傾訴自己的煩惱？成為工作夥伴嗎？

當然，我並不是不贊成把投資當成事業。例如，不動產投資就是很棒的事業。重點在於，**「這是不是能讓身邊的人幸福的事業？」、「是不是令人感到驕傲的事業？」、「是不是能走得長遠、開心做下去的事業？」**。

一門事業，只要讓很多人高興，就可以賺錢。賺了錢，事業才能長長久久。走得長久，才能培養「知識」、「人脈」、「資金」三種力量。累積經驗，從過去的資料獲得許多智慧，降低不確定性。最後才能穩定經營。

❑ 打造「強而有力的人脈」！

想創業的人，會想要參加異業交流會吧。想參加的目的很多，包括建立創業的人脈、學習創業知識等。

然而，最近參加交流會的人，大多都只想推銷自己的商品。

異業交流會變成只從別人身上得到東西、不想付出的聚會，也就是「**狩獵場**」。

對這種情況一無所知的人，一旦進到這種場合中，就會不斷被推銷和邀約。心理暗想「還是有可能不勞而獲吧」、「想輕鬆賺錢」的人，很快就會上當。

當然，其中也有交流會公開承認舉辦交流會的目的就是這樣，向參加者收取幾十萬日圓的費用，讓每個人都有時間推銷自己的商品或服務，也有交流會規定會員要購買其他會員的商品或服務。你必須想清楚，什麼聚會可以讓自己獲得現階段所需的「知識」、「人脈」、「資金」。

如果你希望尋找「人脈」，那請去認識「與自己處在一階段、擁有相同志向的人」。因為剛開始**模仿別人和保持想創業的念頭非常重要**。

我自己也是這樣走過來的，起初對我而言最重要的，不是處處否定我、提供我意見的師傅和前輩，而是**想法和可以一起解決煩惱的夥伴**。當時的朋友串聯成強大的人脈，到現在仍然是值得信賴的商業夥伴。

由我主辦的創業18論壇，將**「強大的人脈」定義如下**：你可以打電話給他的人，並且當你失業時，你可以問他**「我失業了，可以介紹工作給我嗎？」的人**，是組成「強大人脈」的條件。

這是以前從事職涯顧問的老師教我的，失業時打電話拜託別人幫自己介紹工作，對對方是而言是「很有壓力的請託」，因此除非是很熟或交情很好的朋友，否則我們很難拜託對方這種事。

另外，薄弱的人脈就好比「只知道對方的email」、「只是臉書上的好友」、「會互相寄賀年卡」之類的關係。

請務必要在你目前的能力內，培養必要的「人脈」之力。

❑ 創業難民的特徵

我把想要創業卻遲遲辦不到的人稱為**「創業難民」**。或許是因為想創業的人變多了，所以創業難民也跟著增加。

之所以會落入創業難民的下場，是因為「知識」、「人脈」、「資金」三種力量不均衡。有些人光是不斷參加創業講座，沒有其他作為。即使一直抄筆記、寫重點，不採取行動就不會有改變。這是「知識」力量特別突出所造成的失敗模式。

有些人喜歡參加交流會，永遠都到處發名片，告訴別人自己「正在準備創業」，或者名片上總是印著不一樣的頭銜。也就是說，他們喜歡聊天，但卻沒有任何創業的舉動。這種是「人脈」特別突出，而且薄弱人脈持續增加的失敗模式。

還有「資金」的問題更是棘手。有些人想創業，卻一毛錢都不肯花。這種人即使花錢，也只願意花最低額度，而且心不甘情不願。就像願意搭車去百貨公司、卻只逛不買的人，午餐也絕對不會去餐廳消費，而是到美食街的試吃攤位吃到飽。

我想實際上不會有這種把試吃當正餐的人，不過很多人想創業的人，因為這樣的思維變成「創業難民」。

❑診斷你的「創業成功程度」

我想很多人不知道自己目前「知識」、「人脈」、「資金」的力量到達什麼程度，也不曉得3種力量的分布。所以，我們來做個簡單的測驗吧。

請憑感覺，以○或×回答下一頁的問題。

○計為1分，了解你目前的創業等級。

創業成功程度診斷測驗

- 知識→有打從心裡喜歡、感到雀躍的事情
- 知識→不再自覺是上班族（依賴心、對時間缺乏成本意識）
- 知識→培養出自己擅長的領域，也知道客群在哪裡（需求）
- 知識→從資訊接收者轉變為資訊提供者
- 知識→可以說明自己的商業模式

- 人脈→有可以一起討論創業的朋友
- 人脈→獲得家人的理解和支持
- 人脈→身邊有創業成功的人
- 人脈→有可以一起努力的商業夥伴（不一定要共同經營）
- 人脈→創業後，有第一批客人

- 資金→有創業的資金（或可以籌措到資金）
- 資金→有可以發展事業的資金（廣告宣傳費等）
- 資金→有業績
- 資金→利潤（收入）與正職收入相當
- 資金→有足夠的存款作為家人1年以上的生活費

目前的創業等級＝　　分

現階段，你在「知識」、「人脈」、「資金」方面，都是×多於〇吧？接下來的目標，是把這些感覺變成具體的數值和條件，把所有項目都變成〇。並且，磨練三方面的能力，讓自己最後可以拿到滿分。

本書在「知識」、「人脈」、「資金」各方面的標題下方，以〇〇〇符號顯示達成度。當你讀到後面，各方面的能力也會跟著提升。

在下一章中，我要說明從萌生「想創業！」的念頭起至「第一個月之間，有哪些事要做」。把本書當作清單來使用，按部就班閱讀，並逐一克服困難。

第2章

第一個月：創業心態訓練

❑ 想好了就立刻行動

若有「想創業！」的念頭，請先把念頭轉化為行動。任何行動都可以。不要光「想」，**練習把想法變成「行動」**。

若你認為往前踏出一步＝必須採取大動作，那麼通常會「不知道該從何開始做起」。這麼一來，年資越久的人，越容易陷入「蒐集資訊」→「調查」→「檢討」→「蒐集資訊」的循環中而寸步難行。

尤其，很久沒有挑戰新事物的人（以五十幾歲的男性居多），常常會把「正在考慮」、「講求效率」、「再多調查一些」掛在嘴邊，而選擇「觀望」。我身邊也有人不斷參加各種初學者創業講座，已經超過五年以上。由於那五年來有很多人紛紛創業，因此不禁令人覺得他真的浪費了這段時間。

我要再說一次，跨不出第一步的原因，在於我們把創業想得太偉大，以及太害怕失敗。**「一開始也做不了大事。而且由於事業規模很小，因此就算失敗也不會太慘」**，只要有這一層事實認知，心情就會輕鬆不少。

不如暫時忘掉「創業」這個字，想著自己是「在做自己喜歡的事，藉由自己的行動和活動，讓身邊的人感到快樂」。若能讓別人快樂、吸引群眾，錢也會跟著來。

那麼，請先思考屬於你的一小步是什麼。這一小步可以是**「把決定寫在筆記上」**、**「傳送LINE訊息給朋友」**、**「用螢光筆標示本書重點」**等等。

你做自己熱愛的事情時，例如聽喜歡的音樂、打網球、買衣服等的時候，會先做什麼？很多人會毫不猶豫地滑開手機、點開APP、查詢有興趣的事情或想去的地方、上Kindle閱讀相關書籍、聯絡朋友、先出門再說等，都是先從小地方開始做起吧？然後，實際嘗試過後，若想變得更厲害，才會繼續練習、若想更享受，才會去買音質更棒的音響。像這樣，做自己能力範圍內辦得到的事。

❑五個問題讓你找到「想做的事」

因此，你下一步的行動，就是找出「喜歡的事」和「想做的事」，讓你可以自然動起來！

那麼，該怎麼找到讓你可以自然動起來的「喜歡的事」和「想做的事」？一時間想不出來的人，回答下列幾個問題，或許就能有些想法。

- 你大學時期曾經對什麼著迷？
- 你說到什麼東西最快樂？
- 在十個鄰居當中，有什麼事情是你比其中八個人懂更多的？
- 過去三年以來，除了房子、車子、旅行以外，你花最多錢在哪方面？
- 別人最常讚美你什麼？

除此之外，回憶童年也有助於找到自己喜歡或想做的事。俗話說「江山易改本性難移」，小時候喜歡的東西、舒適的環境、討厭的事等，都造就了現在的你。

而且，你把「小時候」換成「剛踏入社會的時候」，就會明白成為你剛成為新鮮人時的記憶、對工作和主管的感覺，都對你現在的工作觀產生很多影響。

在目前這個階段，你只要找到**自己喜歡的事、喜歡的環境、熱愛的東西、欣賞的人**——就夠了。如果一直惦記著創業，反而會覺得很難並感到迷惘。只要能想出「你希望為別人做的事」、「做起來挺有意思的事」，就已經是滿分了。

本書將這一部分歸類在「第一個月要做的事」裡面。不過，有的人會在這裡鑽牛角尖，持續在這部分打轉三個月、一年。的確，我了解這種人想要從自己身上挖出答案的心情，但是很多事情實際去做才會明白也是事實。**思考時間最多一個月。真的很迷惘的話，就「挑一件事開始做」**。這一點非常重要。在下一章，我會說明如何把你挑出來的「喜歡的事」和「想做的事」變成事業，讓我們一起腦力激盪吧。

□「太努力難以持之以恆」法則

大致上找到自己喜歡的事、想做的事之後，就可以往下步邁進。

在這裡，我不會叫你「加油，衝啊！」。因為你還在上班、要養育小孩、還要照顧長輩……，在「身兼多職」的狀態下準備創業，有很多事須要習慣。一開始不要急著趕進度，每天做一點，適時休息、花時間與家人相處，打造**「可以持之以恆」的環境，才是成功的祕訣**。

實際上，那些成功創業的上班族，他們的共通點是徹底貫徹「不要太拚」的精神。這就是**「衝太快，無法持久」法則**。當然，這些人並不是缺乏幹勁。他們只是不會把事情拖到「有空的時候再做」，而是事先規劃好，專心把事情做好。並且，他們該休息的時候會休息，讓生活取得平衡。

來參加我的講座和面談的人當中，有人希望在極短的時間內（一個月內等）創業、也有人想在三個月內成功拚出一番事業。我也希望他們「可以加油！」，但實際上只有極少數人辦得到。

為什麼？

第一，一邊上班一邊準備創業，至少需要半年時間。當然，每個人可以用的時間不一樣，但基本上查資料、準備商品、架網站、與各方人士開會等，都要花時間。

另外還有精神上的原因，一旦感到疲倦，可能失去一開始的熱血、也可能發生預料外的難題，導致心情受挫等。

設定一段期間，在這段期間內不要焦急、開心做自己喜歡的事，無論發展得順利或遇上困難，便都可以冷靜處理。邊上班邊創業時，**請至少給自己180天的時間，一步一步穩穩地走下去。**

❑ 我們不需要有「拋棄穩定生活的覺悟」

接下來要說明的，是這一階段很重要的**「情緒控制法」**和**「思考觀點」**。

你們聽過**「舒適圈」**這個字嗎？

當我們說「跳脫安逸生活，挑戰新事物」，安逸生活的狀態就是指「舒適圈」。

偉大的經營者常常說「創業最忌三心二意。必須抱著捨棄穩定生活的覺悟，朝目標邁進」。意思彷彿是不脫離舒適圈，就注定會失敗。然而，我的想法和他們不一樣。

人並沒有如此堅強，我自己也是這樣。我們有很多想要守護的東西。我認為只有少部分的菁英，可以像苦行僧一樣嘗試各種挑戰。

我們即使暫時從舒適圈爬到更高的地方去，還是會想回到原本比較低的地方。而且，若是往比較低的地方沉淪，就會把舒適圈移往下方，重新適應。我們反覆進行這樣的過程。

那麼，該怎麼做才可以自然地朝更高的目標邁進？方法有很多，而我覺得最有效的是**「改變（增加）朋友圈」**。

改變朋友圈，並不是說要和朋友斷交。而是指除了志趣相投的朋友、大學時代的朋友、一起抱怨的同事之外，也要**增加可以在創業路上，一起切磋打氣的朋友**。與創業的朋友一起吃飯、出遊，來往久了，你就會發現停留在原地的自己快要從舒適圈掉到更低的地方去了。

若你覺得「自己現在很好」，那或許不要勉強創業比較適合。你與新朋友之間也會自然疏離。反過來講，若你感覺「自己現在的狀況很差，想前往舒適圈」的話，那就對了。你的判斷和行為，會自然受到對方的影響。

在成長過程中看著父母或親戚創業的人，會認為創業是很正常的事。當然不是全部的人都會有這種感覺，但這是很常見的情形。因為他們已經習慣創業的父母，以及承襲父母創業精神的自己。

❑不要追求一百分，才能順心如意

想創業，**「避免落入完美主義」**非常重要。

永遠創不了業，甚至連創業準備都開始不了的人，共通點就是「完美主義」。有些人因為講求完美，所以一定要等到萬事俱備才願意行動，也有人碰到一點狀況就放棄行動。

不過，仔細想一想，我們的人生很少有永遠一帆風順或順心如意的時候。雖然我們常常想「等小孩〇〇之後再說」、「等工作穩定之後再看看」，看真的等到這些時候，我們又要面臨新的問題和麻煩。

不必追求一百分二十分就夠了。找到自己現在能做的事，實際做做看非常重要。打個比喻，就像是你在考駕照之前，先載男女朋友或朋友出去兜風。

我認識的講座講師中，有很多人在新講座籌畫好前，就已經開始售票。他們一想好大綱、決定主題後，就會開始舉辦說明會。在說明會上售票給聽眾、提供聽眾想要的資訊，在講座前完規劃好講座內容。雖然在不完整的狀態中籌畫，但只要最後能端出有價值的東西，那就夠了。

很多上班族活在「減分主義」中。因此，「避免犯錯」、「害怕失敗」的意識特別強。然而，創業是新的挑戰。並不是照SOP工作就好。在嘗試錯誤中，若過度恐懼「錯誤」，**就會連「嘗試」都不敢，一無所有**。不要追求一百分，在錯誤中學習吧！

❑ 熱忱減退也無所謂

再怎麼喜歡的事情，也很難永遠維持高度的熱忱。

再好吃的食物，每天照三餐吃，也會有吃膩、想吃其他食物的一天。

準備創業也是一樣。動力起起伏伏。即使心情低落，也不必煩惱「奇怪？我真的想創業嗎？」或「這可能不是我喜歡的事」等。只要是你喜歡的食物，一陣子沒吃之後，就會又想要吃，若你真的有心創業，休息片刻，一定又會打起精神往前邁進的。

所以，熱情減退的時候，該怎麼辦？

最好的方法就是**接受「這樣就好」**。熱忱減退的原因，或許是因為累積了太多疲勞，也可能是因為事情不如意。這種時候，不妨出門走走轉換心情，好好休息一下。

如果你想要成功的意志堅強，**即使休息，火苗也不會滅的**。完全休息的時間最長大概兩週。停滯超過兩週以上，就要花更多的力氣重新啟動。這就像肌肉訓練和減肥一樣。

不過，既然創業是你的夢想，為什麼熱情會消退呢？大致有三個原因。

第一，**「做不了決定」**。不先決定要賣什麼商品或者用什麼資訊吸引群眾，就無法跨出第一步。由於無法做決定，所以無法有所行動，導致永遠不知道具體的課題在哪裡，壟罩在自己想像出來的不安和失敗的恐懼中，失去最初的熱情。

若能先決定好「先這樣做做看」，就能明確看到問題，並獲得很多經驗。

第二，**「創業過程中，有些事是你討厭做的」**，這是致使熱忱消退的重要原因。就算你不喜歡正職的工作，還是得為五斗米折腰。然而，若是自己創業，不喜歡的事情還是要做，而做自己不喜歡的事情，當然會讓熱忱消退。

就像我前面所說的，人如果做自己喜歡的事、與喜歡的人相處、待在舒適的環境，即使熱情暫時減退，很快就會打起精神。

最後是**「太在意結果」**。例如，只辦過一、兩場冷清的講座，心裡就馬上受挫。

當然，專家必須重視結果。然而，如果一開始就過度講求結果，會落入「完美主義」。「循序漸進」的想法不但能讓你獲得正向能量，而且還能更快開花結果。

動起來吧！

接下來要介紹具體方法，讓你的「知識」、「人脈」、「資金」三種能力，均衡提升至25分。

① 知己，就能蒐集情報

起初要學的是「**基礎知識**」。一看到知識，大家常常會聯想到為了考試而唸書，不過沒有那麼難。在這個階段所需的知識，是「與你自己相關的知識」。

認識自己，吸收至腦袋中的資訊也會跟著改變。例如，若你知道自己嚮往的生活風格，你就會留意過著那種生活的人以及實現的方法。若你了解自己的技能和可運用的資源，即使是通勤中在車上看到的資訊，也可能激發你的創意靈感。不必刻意花時間，只要利用空檔到街上散散步，就可能看到與創業相關的資訊。

我已經介紹過哪些問題可以幫助你找出自己「喜歡的事」和「想做的事」。

在這個階段要找的則是自己的「**技能**」，以及可用來創業的「**資源**」。

讓我來介紹一個例子。

這是伊藤（化名）的故事，他曾經邊上班邊準備創業，並且在兩年前辭職創業。他還是上班族的時候，在零件廠商擔任業務。由於必須管理業務的業績和庫存，所以磨練出很強的Excel技能。

伊藤並沒有特別熱愛Excel，他只是感受到業務人員很高興他能迅速且正確計算數據，而他自己也很開心，所以他開始想「或許使用Excel可以取悅別人。可以用Excel來做些什麼嗎？」

起初，他為了活用Excel的技能，想要考取理財規劃顧問的證照。然而，考證照花時間又花錢，所以他重新思考「有哪些事不需要證照，只要靠現在的技能就能做到？」，並起在偶然間看到雜誌上的一篇報導。那是一篇有關「占卜」的特別報導。

伊藤心想「有了！」，並且立刻參加創業18論壇的讀書會，尋求學員的意見。雖然是初步的想法，但他一點都不在意，向大家說明了目前的狀況和想法。

聽完他的說明，其中一位學員說「或許可以設計一套占卜計算軟體」。這是占卜「生命靈數」（Numerology）會用到的計算方式，學員建議他試看看是否能利用Excel簡單執行複雜的計算，來求出鑑定結果。

他實際試過之後，發現用Excel計算生命靈數，對於擅用Excel的他根本輕而易舉。伊藤持續改善程式，並與曾經學過占卜的朋友合作，把程式改良到可以根據計算結果顯示解說，短短幾天內就成功研發可以提供占卜解說手冊的Excel軟體。

伊藤想要把寫好的軟體賣給算命師，但不知道哪裡有通路。因此，他再度參加讀書會。學員建議他到網路上專門販售知識和技能的技術共享網站申請帳號。而他起初是以1000日圓的價格，針對一般民眾銷售解說手冊。後來才開始以2萬日圓的價格，將軟體賣給算命師。

他一開始並不是以賺錢為目的，而是單純希望別人開心，且看到買家的好評和感謝，就感到心滿意足。雖然剛開始每個月營業額只有3～5萬日圓，不過隨著評價越來越好，購買的人越來越多，半年後每個月都可以做到90萬日圓的業績。目前，他也擴大事業範圍，擔任起Excel的講師，事業經營得有聲有色。

伊藤利用「技能」來創業，而我們其實還有**很多其他的資源**。例如，家業、故鄉和現居地的地利、人脈、過去所受的教育等，**許多直接、間接的資源，都能幫助自己創業**。**找出這些資源，想一想如何運用**非常重要。如此一來，你可以透過濾鏡看到自己的優勢、觀察社會，也會注意到許多身邊的機會。光抱怨「自己什麼都不會」、「這樣做只是自我啟發而已」是沒用的，找出可用的資源就能靠自己掌握具體的資訊。

獲得25分的「知識」力量

② 到書店找梗

「要選擇什麼行業創業？」

若你想要獲得創業的想法或靈感，請一定要跑一趟**書店**。不要瀏覽網路書店，我認為最好是大型的實體書店。

書店是知識的寶庫，也是讓你找到興趣的地方。一踏入書店，總會有讓你不自覺駐足的角落，或自然拿起來翻閱的雜誌等，觀察自己的行為和令自己興奮的事物，啟發創業的靈感。

書店通常會把最暢銷的書籍擺放在入口附近。如果你對某一本平放陳列在店內的書**感興趣，請把該書的類別寫在筆記本上。**

例如，假設你看到《老婆的使用說明書》（妻のトリセツ，黑川伊保子著，日本講談社出版）這本書攻佔書店暢銷排行榜前幾名。

你或許光是看到標題，就覺得這本書很有趣，若是這樣，那你可能對於兩性關係或女性大腦的構造感興趣。

回家後，你可以在泡澡的時候或隔天通勤時思考一個問題。「為什麼你會對這本書有興趣？」。**並請整理一下腦中所想到的關鍵字**。例如，如果你想到「婚姻關係」、「腦科學」、「共鳴」等關鍵字，那就組合這些字，擴大你的想法。

- 協助夫妻改善關係。
- 提供溝通能力的訓練，使他人產生共鳴。
- 販售改善夫妻關係的對話手冊。
- 針對有夫妻關係煩惱的四十多歲族群，舉辦讀書會。
- 以腦科學的書為主題，開設書評部落格。

在這個階段，把所有可能性都列出來。等下一階段再來分類、調整優先順序，構思更具體的想法。

不要在意「做得到、做不到」、「會賺錢、不會賺錢」，先把你有意挑戰和有興趣的事情列出來。**列出20～30個就足夠了**。

③ 紀錄生活，有效運用時間

雖然認識自己、改變意識，有助於你從日常生活中留意創業的資訊，但還是會想要有完整的時間專心思考吧。這種時候，你可以試試**生活紀錄**。記錄自己一週的活動，了解自己花了多少時間做什麼，掌握每一種活動的平均時間。

占用你最多時間的一定是在職場上的時間，包括工作、通勤以及整理儀容。請想一想怎麼縮短這段時間。你只要下定決心拒絕多餘的應酬、搬到離公司近一點的地方、別再免費加班，或許就可以辦到。

其他時間還包括睡眠時間、做家事、辦事情、與家人相處和顧小孩的時間、休閒時間、放鬆時間等。列出來之後，每一項活動看起來似乎都是無法割捨的重要時間，但是，只要你記錄一週，就會發現其實有很多時間都浪費掉了。花太多時間發呆、小酌、打電動、滑社群網站、看YouTube看到凌晨等，這些都是「很可惜」的時間。

把這些時間變成**準備創業的時間**。只要是做自己喜歡的事，自然就能做到。

記錄生活的方法很簡單。**只要記下一整週的行動即可**。請參考下一頁的例子。首先，請記下每一天的紀錄。

在左上方寫上日期。在日期下方，左側列出「做過的事」，在右方紀錄「開始時間」及「結束時間」、「所需時間」。

像這樣，把一整天的活動時間記錄下來。鉅細靡遺不是我們的目的，只要大概寫下花了多久做什麼事即可。

持續記錄一週，統計之後就完成了週間生活紀錄。

生活紀錄

年　月　日（ ）	開始時間	結束時間	所需時間

生活紀錄

年　月　日（ ）	開始時間	結束時間	所需時間
寫部落格	06：30	06：55	25分
準備通勤	07：00	07：40	40分
通勤	07：45	08：50	65分
正職工作	09：00	17：00	480分
應酬	17：30	20：50	200分
回家	21：00	21：40	40分
吃飯、其他	21：50	23：00	70分
看書	23：00	23：50	50分
睡覺	24：00	06：30	390分

如果你想重新分配正職的工作時間，那就不要單純只寫「工作」，而是細分工作內容。這樣一來就能看清楚那些時間可以割捨、可以更有效率。

有一個故事是這樣的。就職於大型流通公司總務部的羽田（化名），努力想要提升部門的業務效率。他先把自己的工作列出來，記錄每項工作的時間後，發現他浪費很多時間在微軟的Outlook軟體上。

羽田想要減少使用Outlook的時間，他透過網路等管道，自學email的分類方法、快速鍵、提升資訊檢索的效率等。最後，他發現一個能簡單縮短工作時間的方法，與同事分享這個小技巧後，大受好評。很多同事都非常感謝他。

他心想，或許可以把這個經驗當成生意來做。他在媒合老師和學生的技能分享網站上以老師的身分登錄，主要教導別人如何運用Outlook提升工作效率，剛登錄不久就收到很多提案邀約。一開始他每兩週一次，週末在家裡附近的咖啡廳開設講座。不過由於這樣不夠，所以他現在平日晚上和早上時段都有開設講座，每天過得相當充實。雖然還稱不上副業，但他向每人收取2000日圓的入場費，每個月可以多出5～10萬日圓的收入。

在這個案例中，羽田記錄工作時間後，讓浪費時間的作業一一「現形」，他培養了解決這類問題的技能，使之成為賺錢的工具。而從另一種觀點來講，創業的靈感，就藏在工作時花最多時間的Outlook裡。

並且，我們也可以說羽田發現研究如何節省時間，以及教人如何節省時間是**「自己喜歡的事」**，而且把這項技能發展成事業。

記錄生活可以讓你發現有哪些時間被浪費掉了，除了這個直接效果之外，還會發揮間接的效果，讓你**「廢寢忘食地投入」**、**「找到喜歡的事」**、**「主動學會技能」**等，激發創業想法、認識真實的自己。簡直就是一石二鳥。

④整理自己擁有的技能和資源

可以讓我們獲得創業想法的有「喜歡的事」、「想做的事」以及「技能」，除此之外，我們還有很多可以運用的資源。

我準備了幾個問題，讓你可以找到這些資源。現在，**你正處於學習基礎知識的階段，主要目標就是「認識自己」**。你現在只需要把資源篩選出來，列出你想得到的答案即可。

【回答問題，找出自己的技能】

- 有什麼事是你被稱讚的時候，會覺得「奇怪？有什麼值得誇獎的嗎？」

- 在公司有被公認為的強項（專精、擅長某方面）嗎？
- 你認為「自己哪方面與別人不同？」

【回答問題，找出自己的資源】

- 你的父母／兄弟／姊妹／親戚從事什麼工作？
- 你的閨密／朋友從事什麼工作？
- 你的出生地、成長地、居住地，以及住在那些地方的人有什麼特徵？

從這些問題的答案當中，你或許可以找到**有助於創業的資源或創業的想法**。

例如，有些人在回答的時候，會直接想到「希望幫助地方活化」、「想要吸引更多年輕人返鄉」，也有人發揮想像力，間接想到「閨密一直抱怨主管、說工作很累。希望能召集這類女性，舉辦讓人消除壓力的派對，這樣他們應該會開心」等。如果你認為「朋友是公司的行政人員，跟我沒關係」，那麼可能性就會被限制住了。

如何？粗略的想法也無所謂。有很多事可以激發你的創業想法吧？

如果你真的想不出來，那不妨**問問身邊的朋友**。當然，不要跟他們說問這些問題是為了創業。你可以問主管「為什麼把某件工作交給自己？」、問朋友「你適合做什麼？」等。不必把他們的回答看得太認真。只要想「嗯，這樣喔」就夠了。或許這也會讓你產生一些靈感。

❑ 若找不到自己的興趣該怎麼辦？

我進行諮詢時，最常聽到的煩惱是「不知道自己喜歡什麼」。雖然我認為每個人「一定都有」喜歡的事物，不過或許是真的沒有，也可能是根本沒思考過，所以說不出來。

如果是真的沒有，或者因為找不到而煩惱的話，也不必太執著。**盡量去嘗試各種事物，直到找到為止**，若有一件事你能持續喜歡下去，**再從你的專業或資源中去尋找需求**。讓腦袋保有彈性，了解人生**「沒有正確答案」**非常重要。

從我過去協助創業的經驗來講，大多「找不到喜歡做的事」的原因，都是「因為從來沒想過這種事，所以說不出來」。因為毫無由來地喜歡一件事，所以你會很自然地去做這件事，做自己喜歡的事時，你可能會不自覺地嘴角上揚，也可能面無表情地投入。當你習慣做自己喜歡的事，一切都如此顯得如此自然的時候，就不容易從中發現創業的點子。

例如我的母親。她是個性嚴肅、有點悲觀的人。她總是說「每天都活得很不快樂，沒什麼特別想做的事。不想長命百歲，也沒有喜歡做的事」，但是，她明明很愛貓。她總是把貓咪看得比女兒、兒子重要。另外，創業18論壇的學員淺川（化名），如果在餐廳等地方遇到不順眼的事，就會想要提供意見給餐廳。因此，他去了解顧客提出客訴的心理，藉由這個契機，成為處理客訴的顧問。

還有另一個故事是這樣的。最近剛加入創業18論壇的山口（化名），在學生時期曾經製播過廣播節目。然而，他忙到沒有時間想起這段快樂的經驗，就算偶爾想起，也不覺得這個經驗有什麼了不起。然而，他週末參加讀書會時，把這個經驗告訴其他學員後，學員表示「會製作節目好厲害！很想學學看」，因此激發出他很多的創業靈感。

雖然現在人人都可以在Podcast、YouTube、推特等平台上傳簡單的影片，但幾乎所有人都是玩玩而已。很少人會把影片當成事業經營，用心企劃、製作影片，也很少有老闆會用這些平台來提升品牌力和吸引顧客，因此山口開始舉辦節目製作的講座，成功把自己的技能發展成事業。

❑ 不能一味篤定「絕對會失敗」

在日常生活中，你或許沒有機會列出自己喜歡的事、喜歡的地方、喜歡的時間、喜歡的人以及想做的事等等。

你應該不曾以數值檢討自己使用時間的方式，也不曾想過自己有哪些無名的技能（不自覺的技能）和資源吧。即使你知道自己的能力，但若無法從中獲得創業靈感，你還是會說「自己一無所有」。

在這個階段，不要隨意斷定自己會失敗，不要想太多，**列出「喜歡的事」、「想做的**

事」、「**技能**」、「**資源**」**就好**。喜歡曬太陽、對枕頭很挑剔、常常擔任聚餐的總召、想嘗試模特兒工作……，什麼都可以寫下來。

寫出來之後，想做什麼就實際採取行動。現在有很多服務都可以幫你實現自己的想法。例如，你可以彙整出可以曬日光浴的場所、挑選枕頭的方法，透過「**REQU**」（https://requ.ameba.jp/）或「**note**」（https://note.mu/）等平台，販售這些資訊。若你想嘗試模特兒的工作，利用「**週末模特兒**」（https://weekend-model.com/）的服務，或許就有機會參與網路廣告的拍攝。

⑤ 找出自己「二個以上」的強項

我們在前面已經看過許多例子，當事人列出自己喜歡的事、想做的事、擁有的技能和能力等，並將之發展成事業。然而，有些人就算列出來了，卻還是會認為「自己的技能和資源都相當平凡，一定有很多人比自己更強，擁有更豐富的資源，因此完全沒有自信贏過別人」。

這種時候，可以**找出自己的優勢，使之與技能和資源等結合，達到相乘效果**。已經發現自己擁有多項技能和資源的人，也可以把這些都結合起來，或者，你也可以藉由以下問題，從其他角度來了解自己的優點。

【回答問題，找出自己的優點】

- 現在的主管、同事、屬下，經常讚賞你哪一點？
- 你的家人和朋友，怎麼說你的個性，以及你適合做什麼工作？
- 你不害怕別人眼光，可以持續做下去的事情是什麼？

把這些問題的答案對照前面列出來的事項。例如，利用Outlook創業的羽田，他的自我分析如下：

喜歡的事＝讓業務高興／與別人分享自己的知識

擅長的事＝擅長使用Outlook

資源1＝家裡有一個空間可以當作辦公室使用

資源2＝由於通勤會經過轉乘站，所以會遇到很多上班人潮雖然羽田目前是針對上班族開辦講座，教導如何提高工作效率，但若能夠把這部分與自己的優點結合，就能創造出更棒的內容。

優勢1＝擅長製作PowerPoint簡報
優勢2＝笑容很溫暖
優勢3＝不怕生

這些都是羽田的優點。思考的重點在於，像優點2、優點3這種**乍看之下與工作無關的事情，也可以算是優勢**。就算你工作經歷不連貫、換過很多工作、對學歷感到自卑，也要想「就是因為這樣所以我才懂」、「就是因為這樣所以我才做得到」，把這些當成自己的優勢，活用在事業上。

羽田把這些優勢運用在業務效率化的講座上，讓原本令人感覺生硬的講座，變成「資料簡明易懂、講師親切的業務效率化講座」。若在網站上放上講師展現和藹笑容的照片，一定可以吸引更多聽眾。

未來，他還可以推出線上課程、製作動畫或APP，透過各種方式提供講座資料、提高講座的價值，或者介紹獨門的技巧，為這門講座在業界建立起屹立不搖的地位。

以上是25分的「知識」。**認識自己、寫下來，列出創業想法**。先做再說！

① 遠離阻礙成功的夢想殺手

將「人脈」的力量提升至25分，並不是指拓展人脈。我要很直接地說，這是指「**挑朋友**」。

首先，請先觀察自己周遭的人。最重要的是，**找出那些毀了你的夢想、妨礙你成功的人，離他們越遠越好**。

夢想殺手是指把「不可能」、「算了吧」等負面的話掛在嘴邊的人、由於過度擔心而在「無意識」中阻止你行動的人，以及出於惡意和忌妒，「有意」潑你冷水的人。

離你最近的夢想殺手，或許正是你的家人。雖然很難與家人或朋友保持距離，但是我們有必要克服與家人之間的問題。實際創業時，身邊的人，尤其是配偶的想法，對創業的影響極大。我們要感謝為我們擔心的人，但同時也要耐心向他們說明自己的創業想法、創業不會對他們造成困擾，以及由於不會辭去工作，因此創業的風險較小，以獲得家人和朋友的理解。

另外，**夢想殺手也最常藏在公司裡**。除非有必要，否則盡量不要告訴公司裡的人**你想創業或從事副業**。因為你不知道會不會因此引發別人的忌妒心。

如果在同事或朋友圈中存在著夢想殺手，而這些人並不值得你費心在意的話，那麼請向前面所說的，與他們保持距離。總之，**把他們當空氣就好了**。

尤其很多夢想殺手喜歡提供沒建設性的意見。他們常常出自於好奇地問「為什麼想做這個？」，聽完之後馬上說「不可能啦」、「很難做吧？」、「沒意義啊」。沒經驗卻只會出一張嘴的人，請離這種人遠遠的。

② 不要與朋友創業

創業必須跟很多人產生連結。

讓可以提攜自己的人和支持自己的人變多，是創業必備的「人脈」力量之一，不過，就像我在第一章稍微提過的一樣，**最好不要和朋友一起創業**。

話說回來，在現實中很多人與朋友一起討論創業，但實際上一起創業的人卻少之又少。有極少數的人會呼朋引伴來參加我的講座。然而，我幾乎沒聽過有人順利共同創業。

我自己也有這樣的經驗，只要一群成年人聚集在一起，就會有人說「之後再說好了」、「再多了解一點好了」等，傾向於選擇收手。永遠下不了決定、藉蒐集資料之名行拖延之實的下場，就是失去創業的熱情。

與好朋友一起創業，乍看之下好處多多，例如讓人充滿幹勁或者可以一起分擔工作。然而，實際上可沒這麼簡單。因為，**一山不容二虎，兩人之間可能會有意見衝突，而且為了避免衝突，也會造成雙方的壓力**。況且，若有一方不斷遷就，不知不覺中形成的上下關係，也會導致雙方關係惡化。

為了避免徒增煩惱，最好還是不要和好朋友一起創業。

③ 知道自己與哪些人「合得來」、「合不來」

在「知識」力量的部分，你已經到到喜歡的事、技能、可運用的資源及優勢等。在這個部分，請你找出自己喜歡的人、合不來的人。

或許有些讀者會想「為什麼要這麼做？」

我們偶爾也會必須與自己討厭的人相處的，甚至每天都會遇到不想看見的人。若你是上班族，心裡再厭惡，也不能自己選擇主管或同事，也不能因為客戶跟自己合不來，就要求換客戶。上班族必須確實完成分內的工作，無法選擇主管和客戶。

然而，**若是自己創業，這樣的想法就完全錯了**。若你做的是小生意，與自己喜歡的人來往、與討厭的人保持距離，最後才能提升工作的品質。

這指的不僅是選擇事業上的夥伴和外包業者，**還包括客戶在內**。為討厭的人努力不是一件令人開心的事，況且對方也不會感激你的付出。若因溝通上有誤會而發生客訴，都會消耗你大量的時間和精力去處理。

反過來講，若身邊都是自己喜歡的人，工作會變得更快樂，最後也會有更多人變成你的鐵粉和死忠顧客。

那麼，怎麼做才能區分哪些人可以來往，那些人最好避開？

最簡單的方法就是，**寫下你現在想到的3～4個好朋友的名字，想一想你喜歡他們的理由、這些人的共通點、他們與自己的共通點**。

用文字寫下彼此在價值觀上有什麼類似之處、他們有哪些行為讓自己感到安心等等，你就會更了解自己自己喜歡的人有哪些特質。

同樣道理，也請你想一想自己討厭的人和處不來的人有哪些特質。

順帶一提，我喜歡是「思想獨立、有上進心以及擁有樂觀特質的人」。我身邊有很多這樣的人，現在也一起開心地工作。

而我不喜歡的是揮霍金錢的人、說話態度傲慢的人以及諂媚的人。以前我認識幾位這樣的人，光想到他們心情就會變差。現在只要有任何人給我這種感覺，我就會避之唯恐不及。

④製作矩陣圖，讓人際關係（人脈）視覺化

在這一章節，請你把目前的**人際關係（人脈）做成矩陣圖，以視覺化的方式呈現出來。**就算你認為自己交友廣闊，但一旦視覺化之後，或許你會意外發現事實並非如此。

我有一些在職場上認識的朋友，有些人在我辭職後就失聯了。在你創業後還願意跟你聯絡的人，不是那些想利用你的職位或優勢的人，**而是與你志同道合的人**。你與多少人有交情？交情多深？

請看下一頁的矩陣表。**縱軸為年齡，橫軸為有助於創業的人**。請把你所想到的名字填在適當的位置，並寫上你們之間的交情程度。以客觀的立場來分析這張圖，你就可以了解自己的人脈傾向以及哪些人可以深入交往。

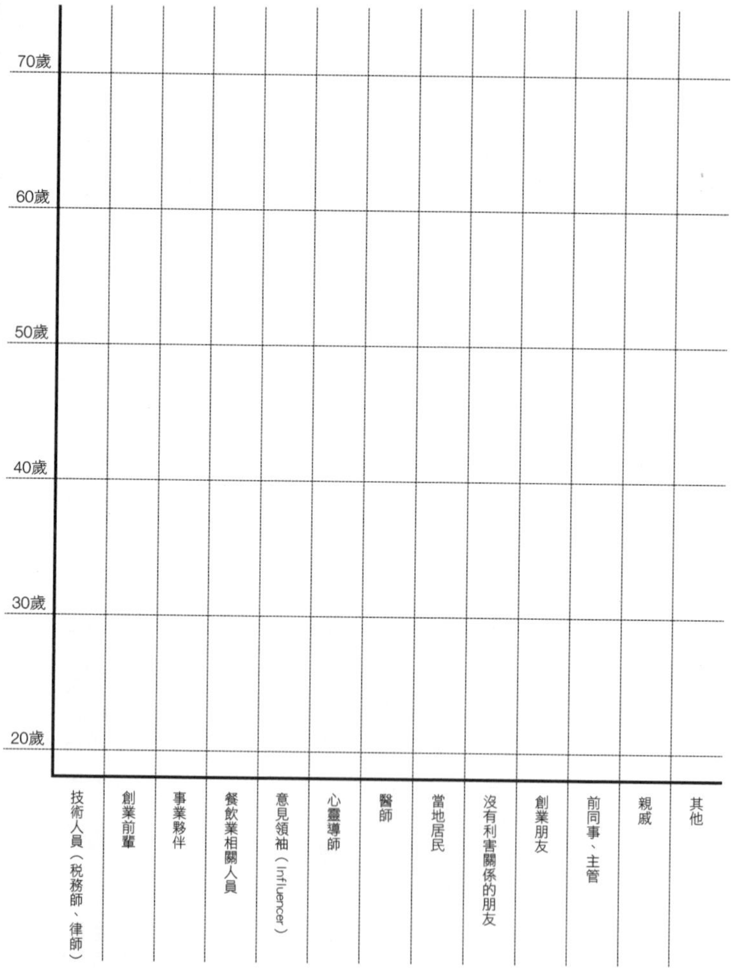

想建立良好的人脈就要投資（花錢）
不要勉強與別人套交情
不能主動亂槍打鳥（若不能讓自己變成別人眼裡「有好處的人」，就無法拓展人脈）
公司的人脈通常對創業沒幫助

人脈等級　㊕……可以打電話跟他討論重要的事、可以約出來聊聊的人（例如可以討論失業困境等問題）。
　　　　　㊥……可以透過email或社群網站互動，偶爾會見面的人。
　　　　　(弱)……認識，有彼此的聯絡方式。

填寫範例

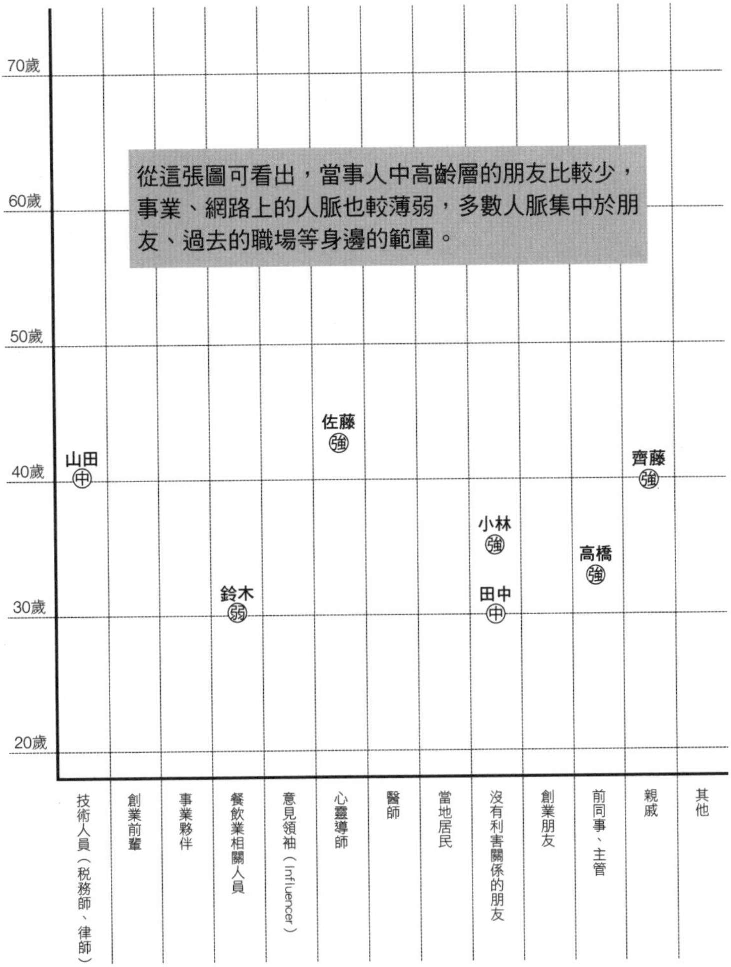

想建立良好的人脈就要投資（花錢）
不要勉強與別人套交情
不能主動亂槍打鳥（若不能讓自己變成別人眼裡「有好處的人」，就無法拓展人脈）
公司的人脈通常對創業沒幫助

人脈等級 強……可以打電話跟他討論重要的事、可以約出來聊聊的人（例如可以討論失業困境等問題）。
中……可以透過email或社群網站互動，偶爾會見面的人。
弱……認識，有彼此的聯絡方式。

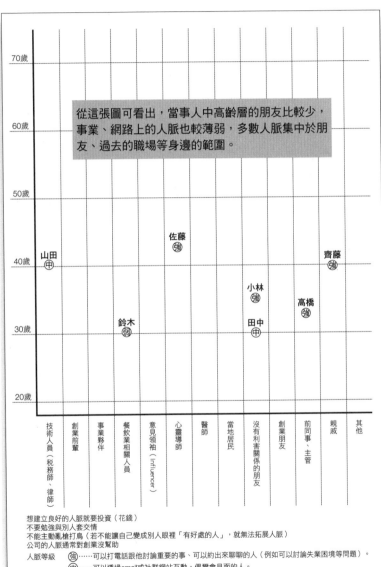

⑤ 有時候也要懂得拜託別人

接下來我希望你能**找到心靈導師**。一般而言，心靈導師指的主要是精神上的指導者、協助者，想創業的人絕對需要心靈導師。

在這個階段，你需要的並不是像顧問一樣，「在事業碰壁的時候，提供你解決方法的人」，而是**「在精神上支持你的人」**。值得尊敬，並且比你自己更相信你會成功、願意支持你的人，就是你的最佳心靈導師。

雖然要找到心靈導師不是一件容易的事，但心靈導師給你的力量將會非常強大。父母、兄弟、朋友、另一半、晚輩，說不定就是你的心靈導師。

「每當和他在一起，就會充滿活力」、「可以從他身上獲得勇氣」、「他讓我更有信心」，若你發現了這樣的人，請積極與他來往吧。

製造聊天的機會，全面吸收他的正面能量。

在創業過程中，難免會遇到不順心的事、會感到疲倦，在公司也可能發生不愉快的事。這種時候，**心靈導師可以幫你趕走壞心情，為你帶來正面能量。**

雖然在事業上你是做決策的當事人和老闆，但是若有人願意聽你抱怨、懂得讚美你、守護你，就盡情依賴對方吧。最重要的是你必須能打起精神，繼續奮鬥。

①重新檢討「從學習開始」這種「無止盡的支出」

接下來要介紹的是25分的「資金」力量。

想要擁有25分的「資金」力量，請先**列出目前的「浪費支出」**。雖然有的人早就有用家計簿來掌握每個月的支出，不過應該很少人可以準確判斷哪些是浪費的支出、哪些是必要的投資吧。為了不浪費創業基金，讓我們透過這一階段好好整理一下。

第一個要檢查的就是「學習」費用，這是個永無止盡的支出。

例如，有一個例子是這樣的。這位當事者是想成為「算命師」並創業的佐藤（化名）。他認為算命的世界非常深奧，為了吸收更多的知識，永遠都停在學習的階段。

佐藤的朋友中，也有人花了幾百萬日圓的學費，卻還無法出師替別人算命。他的這位朋友經常籌錢參加講座，導致人際關係也出問題。

這種「專業知識的學習」和「為了取得更高階證照的讀書」，是看不到盡頭的。想一想正職的工作就可知道為什麼，專業知識是從日常工作中慢慢培養的。沒有一家公司永遠都在舉辦研修，況且實戰過程中所得到的知識，比研修課程所教的內容更踏實。

創業與正職工作可說是一樣的。與其拿著教科書埋頭苦讀，不如盡早創業，一邊工作一邊學習，才能促進自己成長。

人之所以會熱衷於無止盡學習，原因就在於**「缺乏自信」**。為什麼會缺乏自信？這是因為沒有實際嘗試過，所以恐懼不斷在內心膨脹。因為沒有自信，所以不敢實際去做。

這樣的人會一直學習，把錢花光，被學費追著跑……這樣的過程不斷重複。

想跳脫這個惡性循環，必須轉換思考。首先，請先像這樣改變你的想法，「我不要以之後所學的新知識創業，**而是用自己現在所擁有的一切去闖闖看**」。想一想自己是否能利用在25分「知識」階段中所發現的技能和資源做些什麼？請先從這裡踏出第一步。

並請保持冷靜，想一想**性價比**（CP值）。

以算命的例子來看，最好可以算一下「增加教科書的知識，可以讓時間單價提高多少？」。砸幾十萬日圓參加講座，算命費用可以調漲多少？獲得某項知識，年收入可以增加多少？想一想這些問題，你就會恍然大悟了。

想在算命事業上闖出名堂，**吸引顧客的行銷知識和獲得顧客信賴的品牌力**，比不斷吸收算命的知識更重要。廣告須要花錢。通常在營業額成長之前，就要把這筆錢準備好。

這個問題不僅限於算命事業。很多想考證照的人，也一樣面臨「缺錢」的問題。

我要再說一遍，**實踐**非常重要。

以過去的工作或興趣為基礎，若你覺得缺乏專業知識，就找相關書籍來看、打穩基礎，**並盡早以朋友為對象，提供實際上的服務**。以算命來講，可以用銅板價提供30分鐘的算命服務。這麼一來，你會發現自己其實滿厲害的，或者你也可能反過來知道自己哪些地方不足、知道之後該做什麼、投資什麼。

② 不用花錢去聽昂貴的研討會

創業需要某種程度的前期投資。前期投資的金額會根據事業內容、目前資源而有相當大的差異，就我個人的創業來講，只要買網路伺服器、PowerPoint等電腦軟體即可，因此花不到5萬日圓。

不過，在近一波的創業風潮中，有越來越多人砸大錢創業。花費最多的，無非是為了學習創業知識所支出的**創業講座費用**。創業補習班的行情大概是三個月30萬日圓或一年100萬日圓，儘管費用昂貴，還是有很多人趨之若鶩。

我並不是說所費不貲的講座不好。我自己為了提升技能和學習經營的知識，分別在前年和去年花了120萬日圓和30萬日圓參加講座，更砸下100萬日圓接受個人諮詢。然而，120萬日圓的講座，一年下來只有每個月能與老師討論十分鐘、100萬日圓的個人諮詢，一年也只進行了三次面談，除此之外沒有其他的用處。

不只創業講座，所有的研討會和講座，都不是收費越高，得到的資訊就越厲害。在準備創業的階段，只要選擇適合、需要的課程即可。隨著事業的發展，等到有需要進修的時候再參加各種講座，讓自己接受教育和學習。

不過，如果你還是很想參加50萬日圓、100萬日圓的高額講座或諮詢，這裡有兩項要點提供參考：

要點1　講座費中是否包含代管理費用？

確認費用中是否包含下列這些服務非常重要，包括**協助你解決技術不足的部分、沒時間處理的事情、繁瑣的事務等**，或者**與你共同思考，解決問題**。講座不只是為了吸收知識，若講師可以提供自己的資源和人脈，就會大幅提高講座的性價比。

例如，協助你建置網站、介紹出版社出版書籍等，若參加講座可以買到技能、時間及機會，那就可以考慮參加。

要點2　講師是否拿得出實績？

講師的實績也是判斷的標準。講座網站上面的人氣排行榜，有可能是假評論和灌票灌出來的，陌生的新人講師和新的講座，也可能出現在人氣排行榜當中，因此最好不要根據排行榜來選擇講座。

值得信賴的是**在媒體上的曝光度**和**出版實績**。只出過一本書的話，由於自費出版的人很多，因此很難根據一本書做判斷，不過若是出過好幾本書的人，應該就是真正有實力的講師。看過講師的書，就可以對講師的想法有基本的了解，也可以避免明明是創業講座，卻選到沒有創業經驗的講師。

③ 不必參加異業交流會

很多人在準備創業的階段，浪費錢不斷吸收專業知識和參加昂貴的講座，除此之外，在這個階段不應該花的錢還有**異業交流會的費用**和**隨之而來的餐飲費**。

雖然不能一概而論，但就我的經驗來講，在準備創業的階段中，**異業交流會幾乎沒什麼用處**。不僅如此，有時候反而有害。

理由在於，最近的**異業交流會已經變成傳銷的狩獵場**，尤其最近這種趨勢更是盛行，我自己也多次被拉去參加講座。若在不知情的狀態下，很倒楣地進到這種地方，當你一說到「想賺錢」、「想創業」，就會被立刻當作肥羊。

這類傳銷的種類包山包海。

旅行、健康飲料、香水甚至是虛擬貨幣都有。無論是哪一種，通常都會用「簡單到不行」、「可以當成興趣來做」、「商品很棒」等話術來誘惑參加者。

當我看到他們用「推薦好商品，就等於在做好事」的話術來招攬新人加入，就覺得這跟我期盼你能成為的創業者差太遠了。

若你不好意思拒絕邀約，**那一開始就保持距離**才是聰明的做法。

④ 消除賺錢的罪惡感

如前面所介紹的，在25分的「資金」力量階段，應從「掌握／檢討浪費的支出」做起。另外，**「消除賺錢的罪惡感」**也非常重要，因此我要在這裡說明這一點。

上班族每個月從「公司」拿到固定的薪資。薪資的來源是公司的營收，也是從客戶身上獲得的，不過實際上發薪水的是公司。因此，很多上班族不習慣直接從別人手上拿到錢，並把這些錢當作自己的報酬。

尤其有自卑感的人、對別人的情緒很敏銳的人以及責任感很強的人，常常對於拿錢這件事抱持著罪惡感。

簡單來講，這是「**缺乏自信的表現**」。其實很多人都會覺得「自己提供這種程度的商品（服務）不能收錢」，因此不好意思收取適當的費用。

想消除這樣的罪惡感，只能靠培養自信。透過累積實績、獲得顧客好評，可以培養對事業的自信。然而，由於在這個階段還沒有實際的商品和服務，因此你只需要知道「若客人滿意，就可以收取適當的費用」。

若決定了商品和服務，我建議你可以**購買同業的商品，或實際體驗同業的服務**。很多時候，你會發現「這樣就能收取這個價格？」而感到安心不少。了解「市場行情」，讓你有一個訂價的依據，不但能消除罪惡感，也可以有信心「自己可以提供更好的商品和服務」。

若到了實際創業的階段，你還是無法消除罪惡感，**那就訂一個你不會有負擔的價格**。等到闖出一番成績後，你也就不怕漲價會嚇跑客人。

說個題外話，創業後，若想推出高價的商品，我建議可以先購買其他公司的高價商品。

因為「**沒買過１００萬日圓商品的人，不會了解購買１００萬日圓商品的心情**」。

藉由「掏出100萬日圓」的心痛感受，你可以學到很多事，包括支付100萬日圓的客人，對商品有多少期待、如何看待商品的價值，以及商品（服務）實際上的等級等等。

就這一部分，等你培養更多「資金」力量之後，我會再詳加說明。

⑤開一個商業用的銀行戶頭

25分「資金」能力的最後，是準備好「**管理財務**」。

你有管理財務的習慣嗎？就算大略也好，你知道自己每個月的花費嗎？存款？皮夾裡面有多少錢？下個月要繳多少稅金嗎？

雖然不必掌握得很精確，但如果你想創業，大略了解自己的財務非常重要。因此，你必須**準備好管理資金的工具**，並且**養成每天管理財務的習慣**。

第一步請先**區分生活費和事業基金進行管理**。

創業不順利的人共通點之一，就是沒有區分生活費和事業基金。這種人很容易在收到信用卡催繳通知後，才驚覺自己錢不夠，或者由於帳戶餘額不足，導致租金無法扣款等。

因為沒做好財務管理導致**信用掃地的話，會對創業的人造成重傷**。為了避免這樣的狀況發生，從這一階段開始培養管理財務的習慣吧。

準備財務管理工具的第一步，就是開設**銀行帳戶**。將生活費和事業基金分別存在不同的戶頭。我建議要創業的人，應該開設**3個銀行帳戶**。

一個是**管理生活費的戶頭**。你現在使用的帳戶，就可以當作生活費的戶頭。這是正職薪資的轉帳戶，用來管理伙食費、水電費、租金、旅遊、私人購物及娛樂等費用。

另一個你需要的帳戶是**事業基金的綜合管理帳戶**。雖然每種事業所需的基金不同，不過一開始可以先存入5～10萬日圓作為創業基金。最好也新辦一張**事業專屬的信用卡**與帳戶連結，使用起來更方便。我推薦Saison信用卡、樂天信用卡等免費申辦、方便在網路上查詢使用狀況的信用卡。

還有一個帳戶是**繳納稅金的戶頭**。這個戶頭可以避免你一不小心就把納稅的錢用掉，雖然不是必要的帳戶，但其實相當方便。稅金雖然不是當下就要繳的，但是預先申辦一個戶頭有益無害。

存入事業基金戶頭的錢，因為是準備用來創業的，因此可以積極用來投資。在這個階段你或或許只會花錢買書吸收資訊或搭車，不過請丟掉節省生活費的想法，**創業該花的錢就要捨得花**。

❑ 該選哪一家銀行？

事業基金的戶頭，我建議可以利用使用上較方便的**網路銀行**。雖然利息只高出一點，不過最方便的是**只要有款項匯入等交易，就會收到電子郵件通知**。有無這項功能，差非常多。剛創業的時候，由於還要忙正職的工作，不可能有時間一一確認每一筆款項。

那麼，哪一家網路銀行比較好？你也許不知道該怎麼選擇，不過每一家銀行都有自己的特色，請上網查詢最新資訊並逐一比較。

最重要的選擇標準就是前面提過的**「電子郵件交易通知」功能**。雖然這是所有網路銀行的基本功能，但還是再確認一下比較保險。

另外，**各種手續費**則是比較細節的部分。請盡量節省跨行轉帳等交易的手續費。

日本的話，我推薦的銀行有**日本網路銀行**（Japan Net Bank）、**樂天銀行**。日本網路銀行在二〇一九年六月開始提供每個月一次免費跨行存款提款服務。而且，若金額達3萬日圓以上，則不限次數全部免費。剛創業的人常常需要從ATM提領小額現金，因此這是一項很貼心的服務。以網路銀行的跨行轉帳手續費來講，日本網路銀行同行轉帳只要54日圓，非常便宜。

除了前面的日本網路銀行和樂天銀行之外，**住信SBI網路銀行**、**Jibun銀行**等，都是很方便的網路銀行，各家網路銀行的服務都有些許差異。

例如，au電信的使用者，選擇Jibun銀行會比較方便。若轉帳次數多，則用住信ＳＢＩ網路銀行比較划算。若你買東西大部分用信用卡結帳，那麼樂天信用卡和樂天銀行的服務，在利率和點數回饋上則較吸引人。

配合自己的生活環境，選擇適合的銀行開戶。在這個階段，若不知道哪個銀行比較好，就先開戶頭再說，可以之後再換到其他條件較好的銀行。

第3章

第二個月前要做完的事：決定商品

——想點子&商品

❏ 沒有點子是正常的！「有」的人反而要從頭來過

在第二章，我們整理出第一個月要做的事。包括找出自己喜歡的事、優勢、技能及資源，以及說明金錢的使用方法等。第二個月開始，要具體決定商品，朝創業邁進。

「還不知道要做什麼事業……。」

我想有很多人都是這樣。不打緊。你才剛學會如何找點子、找想法，接觸一些例子而已，沒有具體想法也是正常的。

其實，這樣的人反而才能創業順利。在這個階段，天馬行空的妄想是沒用的。**想法若不能實現，就毫無意義**。

我認識一個人。他叫做遠藤（化名），是一位喜歡平價美食的四十多歲男性上班族。他在廣告部門上班，準備運用正職的經驗，投入廣告文案的事業。由於廣告文案的利益率相當高，每個月只要接幾個案子，就能輕易超過正職的薪資。

他其實只要以此為目標，逐步培養「知識」、「人脈」、「資金」的力量就好，但他背道而馳。他畫出大餅，想出一個宏遠的計畫，想開一家廣告文案補習班、與學校合作設立文案寫手協會，由該協會頒發專業文案人員證照……。

這個商業模式的構想，確實可以在事業達到一定程度的成長後實現，也是成為企業經營者的必要過程，讓他不只是獨立的文案工作者。然而，對當時的他而言，這樣的目標太大，容易使人「變成無頭蒼蠅」，最後認為「自己不適合做生意」而放棄一切。

棒球天才鈴木一朗在自己的退休記者會上也說「好高騖遠會讓現在的自己陷入痛苦，而無法持之以恆地做一件事」。創業也是如此。

那麼，遠藤應該做什麼？

他應該把目標縮小，讓想法變得實際一點。「先每個月接一件廣告文案的工作」，若他一開始以此為目標，結果就會截然不同。

他本身在廣告公司上班，所以具備文案的撰寫「知識」，因此如果他能先想一想「怎麼做才能每個月接到一個案子？」，就會有很多想法源源不絕湧現，例如「該拜訪誰？」、「誰可以幫自己介紹顧客？」、「需要多少錢打廣告？」等等。整理出創業所需的「知識」、「人脈」、「資金」，讓三種力量達到平衡，就能順利創業。

再者，若他把重心放在自己熱愛的平價美食上，利用ＩＧ等平台推廣當地好吃的餐廳，而餐廳因此大排長龍的話……。他就可以基於從經驗中獲得的知識，與餐廳人員（潛在客戶）洽談撰寫業配文，擅用自己的優勢更上一層樓。用正職的薪水踏實地發展事業，就能逐步邁向一開始所擬定的遠大目標。

「已經知道要做什麼」的人，反而容易想出現階段達成不了的目標和做白日夢。在這個階段，**擁有實際可行的夢想**非常重要。

❑控制在「一個人就能做到的規模」，讓創業變順利

若一開始就把餅畫太大，就會變得一事無成。**請選擇時間易控制、不必砸大錢的事業，**

自己一個人做起、從一位顧客開始服務。牽涉到太多人的事業、需要大筆資金或借錢的事業、必須在平日白天拜訪顧客的企業等，規模太大就會舉步艱難。

賺不了大錢，但只要你和一位顧客就能成立的生意是最理想的。上班族時間有限，事業基金也有限，因此這種微型事業可說是再適合不過。

日本人常說「神只會給我們可以跨越的試煉」，而我們自己也要避免給自己太大的試煉。

面臨太大的試煉和難題時，我們只會想逃避而不是去挑戰。當我們選擇逃避，就會離創業這條路越來越遠，不斷用學習「新知」來逃避現實，或者認為「自己辦不到」而選擇一輩子當上班族。

因此，在這個階段，當你思考創業時，**請縮小至自己能獨立進行的規模**。聽到「學校、設立協會、頒發證照」就會覺得很遙遠，但換成「自己做、一位顧客、寫出30個商品的宣傳文案」，就感覺自己可以完成對吧？

❑ 從賺1塊錢開始

由於你是邊上班邊創業，因此就算剛開始事業做得不順，也不會過不下去。只要你打起精神，就能持續挑戰，以「一人就能展開的規模」準備創業，雖然要花比較長的時間，**但成功率非常高**。

儘管如此，也並非所有學員都能創業。雖然我教的方法都相對安全和低風險，但每個月還是有幾個百分比的學員會離開補習班。這些無法創業的人在個性上有一個共通點。那就是「很快就放棄」。甚至也有人讓我訝異地想「這麼快就受挫了？」

然而，我也明白「不夠努力」、「永不放棄」等有志者事竟成的說法已經落伍了。但是，我也不想用「任何人都能輕鬆創業」、「立刻」、「照這樣做就能創業」等謊言鼓吹大家創業。

那麼，到底該怎麼做才能持之以恆？

答案就是「**趕快賺到錢**」。雖然說賺錢，但不必很多。而是指把**0變成1**。也就是說，賺進1塊錢。賺進1塊錢的力量，超乎你的想像。

想要賺錢，就要把東西賣給個人。因此，選擇可以即刻展開的簡單事業非常重要。若顧客開心而你也感到踏實，就不會輕言放棄，反而可以越做越開心。到網路上的**技能分享入口網站**，可以找很多簡單事業的範本。你不妨也模仿這些事業，到網站上提供自己的服務？

〈技能分享網站〉（日文）

ANYTIMES https://www.any-times.com/

Lancers https://www.lancers.jp/

coconala https://coconala.com/

shufti https://app.shufti.jp/

TimeTicket https://www.timeticket.jp/

若你瀏覽技能分享網站後，還是想不到自己可以提供什麼服務，則可以逛逛二手拍賣網Mercari或雅虎拍賣，**找一找有哪些東西可以賣**。到網路上批貨再轉售出去，或者到家電量販店、驚安殿堂唐吉軻德找找稀有的商品，應該也滿有趣的。

我相信你一定會有所發現。在這世界上，有些人可以想出獨特的事業，但你不必做到這種程度，你身上一定有別人需要的東西。

找出別人的需求、想一想自己能做些什麼、做自己喜歡的事、面對自己喜歡的人、在喜歡的時間和場所工作，打造一個讓自己能持之以恆的環境。

❑ 靈感藏在令人感到快樂、光陰似箭的興趣裡

怎麼樣？你在技能分享網站上面找到靈感了嗎？如果你覺得自己「沒有證照，什麼專業都沒有」，那**請你再重新檢視一次「生活紀錄」**。「常常被推派為聚會的總召」等，你從那些不曉得別人為什麼喜歡找你幫忙且占了自己很多時間的事情中，發現「自己自然而然學會的能力」了嗎？就像很多創意料理都是後來才以主廚的名字命名，尚未有正式名稱的技能也

非常多。

並且，有沒有一件事令你廢寢忘食？或者覺得「難道這就是我的興趣？」。「原本抱著好玩心態，卻玩出一定水準的嗜好」，也是一項很棒的技能。

例如，創業18論壇有這樣一位學員。高瀨（化名）在一家電器製造廠擔任業務員。愛唱歌他創辦了一個KTV社團，並藉此增加收入。

他的興趣是唱歌，而且最喜歡原KEY飆高音。由於很多朋友問他「怎麼有辦法唱那麼高的音？」，所以他單獨到KTV不斷嘗試，終於編出一套簡單的訓練方法，教人如何運用身體動作來唱出高音。

當他把這些方法告訴朋友之後，朋友們唱不上去和破音的次數也慢慢減少，因此對於「能盡情飆歌！」感到相當開心。

現在，他仍持續經營KTV社團，並且以收費方式指導成員如何不降KEY唱出高音。

他的事業和正職工作風馬牛不相及。這只不過是跟同事和朋友去KTV唱歌時，**基於興趣而發展出來的事業**。你身上到處都找得到創業的種子。從工作、生活、家庭等方面探索自己，找出蛛絲馬跡。

那麼，差不多到了做決定的時候了！

接下來的目標，是把「知識」、「人脈」、「資金」提高到50分。

①「想像、聯想」，「靠近」

從這一章節開始，我們要把「知識」的力量提高到50分。你前面想到的所有想法和抽象的概念，在這一階段都要「做出決定」。

首先，是決定商品。若你想創業，沒有商品就只能原地踏步。「製作商品聽起來很難。」有些人或許會這麼想，但只要按部就班決定就不必擔心。總之，動起來吧。

首先需要了解的是**社會的需求**。如果**沒有**一群人強烈**渴望（消費者的欲望）**某樣東西，**事業就無法成立**。若「你喜歡的東西＝人們強烈渴望的東西」那就很簡單，但通常事情都不會照這個邏輯走。因此，我們必須找對需求，讓自己想做的事、能力可以符合這些需求。

「觀察需求」聽起來就像市場調查，似乎頗具難度。但請不要想得太複雜。你只需要做下列A、B、C三件事，非常簡單。

A 觀察生活資訊節目和網路新聞

首先，你要觀察的是電視的**生活資訊節目**。每一家電視台都有各式各樣的節目，請針對下列五種資訊做筆記。

- 法律的變化、規定放寬等。
- 技術的進步、轉移等。
- 大企業的動向、新聞公告等。
- 全球趨勢等。
- 所有人都在「關注」的事。

這些變化都可能是改變時代風潮的轉機。調漲稅金、外籍勞工招聘人數增加、自駕車上路、延後退休年齡等，我想這些議題未來都會出現在各種報導中。

B 觀察身邊的變化

接下來，你要參考步驟A的筆記，想像這些改變會對身邊的人帶來什麼影響、會產生什麼問題（變化）。進一步**聯想這些改變最後會形成什麼（需求）**。為了讓你更好聯想，我們先把變化歸類為以下4種。

- 對周邊的人帶來「**金錢**」方面的變化。
- 對周邊的人帶來「**工作**」方面的變化。
- 對周邊的人帶來「**戀愛**」方面的變化。
- 對周邊的人帶來「**健康**」方面的變化。

例如，當稅金調漲，「上班族的零用錢（可運用所得）減少」→「上班族減少上美容院等自我投資」→「美容業者產生如何吸引顧客的諮詢需求」。

以同樣的模式思考各種改變。「自駕車上路」→「計程車司機失業，擔心生計」→「計程車司機會想要知道如何改變工作方式，才不會輸給AI和IT科技」，或者「外籍勞工增加」→「與本國人結婚的外國人增加」→「產生如何與外國人交往和解決相處問題的諮詢需求」，抑或「延後退休年齡」→「越來越多大企業利用早期退休制度進行人事調整」→「越來越多人由於不安和二度就業困難，導致心理健康出問題」→「形成二度就業輔導和心理輔導的需求」等，請組合各種可能性，發揮你的想像力，盡量聯想。

C 讓自己想做的事和能力，符合你所聯想到的「需求」

人類的煩惱無不來自**「金錢」**、**「工作」**、**「戀愛」**、**「健康」**。面對這四方面的改變，我們天天感到擔心和痛苦的同時，也希望能活得更快樂。**「從痛苦中解脫」**和**「追求快樂」即為人們的「需求」**，也是新商機的來源。

例如，從金錢方面來講，人們有「增加收入」、「做好資產管理以養老」的需求，也有很多人對於「提升財運」感興趣。以工作來講，最常見的需求不外乎是「職場生存之道」、「省時」、「改善與屬下、主管之間的人際關係」。

若你擁有解決這些「需求」的能力，就能開創一番事業。

那麼，從這一階段開始，我們要讓你「想做的事」和「你的能力」，符合步驟B的「需求（從痛苦中解脫和追求快樂）」。

假設你按照第一章的步驟，整理出以下內容。

- 喜歡的事↓照顧別人、IG、料理、時尚
- 想做的事↓不清楚
- 能做的事↓酒量好、不討厭行政工作
- 其他資源↓有很多單身的女性朋友、公司的同事多半是大叔級的年齡層

A 觀察生活資訊節目和網路新聞（雜誌也可以！）

←

B 從改變聯想身邊的人會產生什麼需求

←

C 讓自己想做的事和能力，符合B的「需求」

把這些內容連同步驟B的「需求」一起思考。

例如，從這個例子可以聯想出以下活動，包括「為外國人和女性朋友舉辦聯誼」、「舉辦【居酒屋留學】活動，與外國型男用英文聊天」、「製作並發送〈提升形象手冊〉，讓大家避免成為被裁員的對象」等。請盡情列出有趣又吸引人的活動吧！

②不必把自己喜歡的東西變商品

思考前一節C步驟的時候，有一點應特別注意。那就是**「不必非得把自己喜歡的東西和能力變成商品」**。

例如，「喜歡做菜，所以要開烹飪教室」、「擅長做行政工作，所以從事行政工作代辦」，如果像這樣「直接把喜歡的事和能力變成商品」，想法就會變得消極，認為「自己沒有專精到可以當老師的地步」、「不是真的對這方面有興趣」。

如果你單純地認為可以「把做菜與其他活動結合」、「活用自己的行政工作技能」，就能產生「邀請外國人和女性朋友舉辦聯誼，品嚐傳統美食，把活動照片發布到IG」等想法。「喜歡棒球，所以夢想成為棒球選手」，這樣的想法固然很好，但**你並非只能這樣做**。

如何？你可能已經想到好幾個創業點子。如果你還是「想不到」或者「不知道自己喜歡什麼」，那麼請再花點時間仔細思考。因為你是邊上班邊準備創業，所以不必著急。

如果再怎麼做都沒有任何想法的話，或許表示你不適合單獨創業。然而，就算是這樣，你也沒必要放棄。這樣的人還是可以利用經營既有品牌的**「加盟創業」**或從事銷售和售後服務的**「代理商型創業」**等。永不放棄，就能走出一條路。

〈尋找招募加盟店或代理商的網站〉（日文）

Entre https://entrenet.jp/

Bgent https://www.bgent.net/

My Navi獨立 https://dokuritsu.mynavi.jp/

③將「理想顧客」限縮到可具體想像的範圍內

已經有創業點子的人，請進入下一階段。接下來你要做的是「**鎖定客群範圍**」。以前面的例子來講，你要先想清楚聯誼活動是「為誰」而辦？，描繪具體的理想顧客。

其實，創業後生意慘澹的人，共通的一點就是對「**鎖定客群範圍**」太「**疏忽**」了。客群不能太模糊，一定清楚勾勒出目標客群。

讓我們趕快來想一想，你的商品或服務究竟是「為了誰」而存在。首先，最好的做法就是詢問「對你的創業想法有興趣的好朋友或友人」。以前面的例子來講，就是去詢問有興趣與外國人交往的單身女性朋友，或者對於供應傳統料理的聯誼活動感興趣的人。

這些朋友或許會成為你的第一個客人。

若有朋友對你的創業想法感興趣，請盡快和他們說明自己的想法，從中獲得更多意見。如果能讓你的想法具體化，吸引眾多「跟這位朋友一樣的人（理想顧客）」，就能成功推動你的事業。

那麼，「跟這位朋友一樣的人（理想顧客）」，到底指的是什麼樣的人？讓我們把理想顧客的樣貌用文字具體描繪出來，整理成基本檔案。例如，利用下列問題，縮小目標客群的範圍。

①他有什麼煩惱？希望做什麼改變（想怎麼做）？
②他希望自己在哪方面更快樂？
③他為什麼希望有這樣的改變（想那樣做）？
④他希望用什麼方法，讓自己達到目標？
⑤他不允許自己用什麼方法達到目標？
⑥幾歲？

⑦性別？
⑧家庭成員？
⑨住哪裡？在哪一區工作？
⑩他從事什麼職業？
⑪收入？
⑫他從哪裡獲得資訊？（電視、報紙、書、雜誌、SNS、新聞APP等）。

雖然還有其他值得了解的事，但由於這樣資訊會變得太多，因此請先掌握這些部分即可。⑥之後的問題，等看到本人或許就大概猜得出來。

未來，你就要針對這些人發送資訊，引發他們的興趣和共感，並提供服務。

❑ 若周遭沒有任何人有興趣，該怎麼辦？

然而，在現實生活中，會對自己的創業想法感興趣的朋友或友人少之又少。這麼一來你只有下列選擇，**讓自己的創業想法符合身邊的人的需求**，或者**從身邊的人的需求中找到商機**，抑或**找到對你的想法感興趣的人**。

讓我們來看看這些做法個別有哪些優缺點：

〈讓自己的創業想法符合身邊的人的需求〉

優點↓可以馬上行動。

缺點↓有可能不符合潮流或者不是你想做的事。

〈從身邊的人的需求中找到商機〉

優點↓可以馬上行動。

缺點↓又要重新想創業點子。

〈找到對你的想法感興趣的人〉

優點↓可做自己想做的事。
缺點↓有可能找不到顧客。

儘管感覺在後退了一步，但這些過程絕對不會白費。因為你已經有了基礎的想法，透過重新思考，你會有更多的發現和體悟，並且也可能藉此認識真正的自己。

就算你覺得這三種做法都很難，但也請不要輕易放棄。若你有這樣的感受，你還可以回想**「自己過去的需求」**。請想一想有哪種商品（服務），是「以前的自己，一定會買的」。

其實，我自己現在也只剩下一個談得來的老朋友，身邊也沒有人可以跟我討論創業。因此，我在思考創業的時候，想起自己過去「覺得上班很痛苦」、「想要創業，讓大家刮目相看」的心情，把自己的需求直接變成服務。並且，吸收學員和事業夥伴的意見，讓事業發展成現在的規模，目前也持續在進步中。

你在思考「為誰」服務的時候，必須留意一點。那就是，包含過去的自己在內，**你可能會主觀地虛構出一個人物，或著將客群設定「二十多幾歲的女性」，導致客群涵蓋範圍太大。**

若你不知道怎麼做，那麼請以真實存在的人或三～五位同事（或公司）進行思考。請繼續閱讀下一節，了解詳細的做法。

④「四個商業模式」讓想法更加具體

將你所有的想法整理成下一頁的表格。簡單地把你的創業想法填入表格內，找出哪些人的需求與你的想法符合，盡量把你能想到的寫下來。限縮客群後，或許只剩下一個「客人」，但如果沒有縮小範圍，就會變得客群範圍太大。

接下來，請把創業點子分成「**四種類型**」去思考。在之後的步驟，你須要把現在的想法分類至這四個類型中，因此請繼續看下去。

第一種類型是販售物品的「**商品型**」。這類型的創業者包括製造商、代理商以及進口商等。很多從事零售的人會利用Mercari、雅虎拍賣、Amazon、BASE等網路商店（購物中心）平台，但也有強者會把商品寄售在實體店鋪，拓展通路。

顧客	基本檔案	創業點子
佐倉美保（40歲）女性 獨居，住在東京都練馬區，公司在日本橋。業務助理，年收350萬日圓。資訊來源為LINE新聞和IG。	沒有約會對象，想要快點交到男朋友。喜歡和外國人用英文聊天。經常被父母催婚。可以接受婚活、聯誼或相親。不喜歡辦公室戀情。	與外國人的烹飪婚活派對
武田千紘（32歲）女性 住在東京都世田谷區的合租公寓，公司也在同一區。老師，年收350萬日圓。資訊來源為推特和網路新聞。	有約會對象，但目前單身。比起結婚，她更希望能享受每一天的生活。對未來感到不安，因此也不會辭去正職的工作。	與外國人的國際交流派對。
佐佐木幸男（46歲）男性 3人家庭。小孩就讀小學。住在神奈川縣川崎市，公司在橫濱。會計員，年收550萬日圓。資訊來源為日經新聞、臉書。	由於被迫從退休或調職中二選一，因此調職到子公司。因為遭到減薪的懲處，所以自尊心受損。小孩還在念小學，無法退休。想要恢復原本的薪資。轉職碰壁，最近有點憂鬱。	製作「形象提升手冊」，協助他再就業，透過Skype與他面談，鼓勵他。
自己（當時28歲）女性 獨居，住在埼玉縣埼玉市，公司在池袋。派遣員工，年收270萬日圓。資訊來源為IG、時尚雜誌及電視。	不滿自己與正式員工之間有待遇差別。雖然熱愛時尚，但經濟不寬裕。喜歡逛街看衣服、試穿。討厭打工。三不五時換工作，不想工作。	（請她寫下曾經渴望過的東西）。

觀察創業18論壇的學員，就知道商品非常多元。有人從量販店採購家電，再透過網路轉售、有人用泰國進口的材料製作陽傘，也有人從中國進口雜貨，再作為原創品牌在日本上市。除此之外，還有以下這些例子：

S（26歲）模型（景觀模型）製作販售
創業理由：原本的興趣

K（33歲）採購（中國）原創品牌的雜貨，在日本銷售
創業理由：喜歡打電腦、想運用自己在雅虎拍賣販售二手用品的經驗

I（39歲）腳踏車租借
創業理由：沒有專長、也不會教人，所以選擇以商品來創業

A（42歲）在網路上販售化妝品
創業理由：喜歡逛化妝品展，認識很多業者。

S（52歲）海外家電廠商代理商
創業理由：想在日本販售家電，透過email與廠商交涉，成功取得代理權。

商品型的創業，優勢在於時間彈性較大，而且透過實體店鋪、Amazon等平台銷售，可以增加信用度，再加上若商品本身品質好，就能立刻拉抬銷售量。

而這類型的創業，缺點在於初期投資金額偏高、就算架設網站來販售商品，也無法提升商家的信用度和吸引顧客，所以很可能會導致商品滯銷（庫存風險）。在日本，若是採購二手用品來轉售，則必須取得古物營業執照。

第二種類型是**「專業．服務型」**。針對那些認為自己做不到（或缺乏效率）、沒時間做、覺得麻煩、覺得不好意思做某些事的人，運用自己的專業和資源，提供「代辦」的服務。這類型的創業中，具代表性的行業包括架設網站、翻譯、按摩、打掃等。以下是幾位會員的例子：

N（28歲）改造房屋，貓宅設計

創業理由：基於自己的施工經驗

K（34歲）搜索引擎廣告代操作
創業理由：前一份工作所學到的技能

S（37歲）促銷橫幅廣告設計
創業理由：運用前一份工作所學到的技能＋資源（消息靈通）

Y（40歲）提供數位鑑識（Digital Forensics）服務
創業理由：運用前一份工作所學到的技能＋資源（業界人脈）

D（50歲）協助旅館吸引客人
創業理由：由於經營旅館的朋友找自己諮詢，因此逐漸把這項專業變成本業

專業．服務型創業的優點，在於只要了解自己的專業以及有哪些資源可運用，就能馬上創業。雖然需要投資設備，但若能利用技能分享網站等平台，就比較容易吸引顧客上門。

這類型的創業，缺點在於時間不夠用。若沒有把工作轉包出去，就無法大量接案。因此，如果無法提高客單價，收入很快就會碰頂。

第三種類「**知識型**」創業，是分享自己經驗所學和資訊的事業。例如，透過講座或網路等平台，分享工作方法、各種問題的解決方法等人們求知若渴的資訊。

以下是會員的例子：

H（32歲）商務人士時間管理講座
創業理由：因為想分享自己的經驗

I（33歲）部落格廣告賺錢講座
創業理由：因為喜歡寫部落格，所以將自己的興趣變成服務

Y（41歲）提供省時料理食譜
創業理由：前一份工作的技能＋興趣

M（42歲）商務人士幽默溝通講座
創業理由：喜歡搞笑，所以自行研究出一套成果

A（55歲）商家SNS集客諮詢

創業理由：前一份工作的技能＋基於興趣自學

知識型創業的優勢，在於地點和時間較有彈性，可以自己決定講座的地點和時間，也可以拍攝影片上傳到網路上等。而一旦打響名氣，利益率就會翻漲，這也是很大的優勢。

這類型的創業，缺點在於必須讓知識系統化，且要花比較長的時間成為令人信賴的專家、穩定客源。

最後的第四種創業類型為**「空間・機會型」**。包含民宿等不動產事業在內，所有社群經營、媒合等機會提供的行業都屬於這一類。本書不時提到的技能分享網站，也屬於「空間・機會型」中的媒合事業的一種（該類網站的使用者，通常經營的是「專業・服務型」事業）。以下為會員的例子：

T（25歲）喜歡唱KTV，所以成立卡拉OK社團
創業理由：除了聚餐之外，也希望有一個地方可以盡情唱歌

Y（26歲）動漫．遊戲迷國際交流會＋線上語言學校
創業理由：香港人，希望利用自己交遊廣闊的資源

K（33歲）主題樂園迷媒合
創業理由：希望找到可以一起去主題樂園的朋友

S（46歲）經營再婚社團
創業理由：運用自己結婚3次的經驗

N（58歲）切斷負面思考工作坊＋諮詢
創業理由：想要分享自己從過去的挫折經驗所磨練出的思考法

「空間．機會型」創業的最大優點，不外乎是「與人的連結」。喜歡與人群接觸、溝通的人，每天都能快樂地做這樣的工作。而且不需要特殊技能，因此創業門檻較低。

而缺點在於，一開始就要把人氣衝出來。社群要有一定的成員人數、媒合網站又有一定

數量的資訊和註冊人數等，必須付出努力才能達到這樣的成果。這類型的創業也會須要付費打廣告。

我想你已經了解這「四種類型」的創業模式。雖然還有其他種類型的創業，但我們先就這四種去思考吧！

將這四種創業類型，加入前面的表格中，做成矩陣表。

整理之後，你會發現之前的創意想法，只是所有可能性中的其中一種而已（請參考第136頁的表格）。

並且，掌握各種需求、技能、資源，想像你能為各式各樣理想顧客（候選人）提供的商品或服務，把你所想到的全部填入空格中（請參考第137頁的表格）。

從中挑選出由你一人、顧客一人、不必砸大筆資金而且在現實中可以立刻實現的事情，並且「放手去做！」。如果野心太大，那就把目標縮小。把目標分解到你可以從中「擇一去做！」的程度。**「決定」**——是一切的開端！

把創業想法填入適當的類型中

顧客	商品型	專業・服務型	知識型	空間・機會型
佐倉美保（40歲）女性 獨居，住在東京都練馬區，公司在日本橋。業務助理，年收350萬日圓。資訊來源為LINE新聞和IG。				與外國人的烹飪婚活派對。
武田千紘（32歲）女性 住在東京都世田谷區的合租公寓，公司也在這一區。老師，年收350萬日圓。資訊來源為推特和網路新聞。				與外國人的國際交流派對。小酌社團。
佐佐木幸男（46歲）男性 3人家庭。小孩就讀小學。住在神奈川縣川崎市，公司在橫濱。會計員，年收550萬日圓。資訊來源為日經新聞、臉書。	製作「形象提升手冊」，協助他再就業。		透過Skype與他面談，鼓勵他。	
自己（當時28歲）女性 獨居，住在埼玉縣琦玉市，公司在池袋。派遣員工，年收270萬日圓。資訊來源為IG、時尚雜誌及電視。				

多想一些點子……

顧客	商品型	事業・服務型	知識型	空間・機會型
佐倉美保（40歲）女性 獨居，住在東京都練馬區，公司在日本橋。業務助理，年收350萬日圓。資訊來源為LINE新聞和IG。	提供國外美妝產品。	陪她前往可以認識外國人的地方。 為觀光客翻譯、導覽。	教她如何透過SNS認識外國人。	與外國人的烹飪婚活派對。
武田千紘（32歲）女性 住在東京都世田谷區的合租公寓，公司也在這一區。老師，年收350萬日圓。資訊來源為推特和網路新聞。	想不到	想不到	與她聊聊對將來的不安和每天的煩惱。	與外國人的國際交流派對。 小酌社團
佐佐木幸男（46歲）男性 3人家庭。小孩就讀小學。住在神奈川縣川崎市，公司在橫濱。會計員，年收550萬日圓。資訊來源為日經新聞、臉書。	製作「形象提升手冊」，協助他再就業。	陪他外出，轉換心情。	透過Skype與他面談，鼓勵他。	打造一個讓大家可以相互傾訴的地方。
自己（當時28歲）女性 獨居，住在埼玉縣埼玉市，公司在池袋。派遣員工，年收270萬日圓。資訊來源為IG、時尚雜誌及電視。	供應物美價廉的洋裝或高跟鞋。	想不到。	提供創業和副業的資訊。	舉辦一罐啤酒就能參加的「居家線上聚會」。

⑤ 沒特色的東西賣不出去

來到這個階段，你已經可以開始打造具體的商品。然而，在這之前，我要稍微介紹一下行銷，讓你之後可以順利克服勢必會遇到的難關。

創業後，若事業要步入軌道，商品、服務就一定要賣得出去，並且能夠獲利。要達成這個目標，你需要的是推銷和行銷。

推銷指的是販售商品的技術以及銷售行為本身。**行銷**的解釋相當多元，但大略來講，意思是提升商品銷售效率的機制和方法。也就是說，建立不需要推銷的機制，就是最棒的行銷。

行銷活動有很多種。行銷4P理論，就是很知名的理論。

〈行銷4P〉

Product（產品）

Price（價格）

Place（通路）

Promotion（促銷）

現在，讓我們來思考產品的部分。思考產品的時候，我們要決定功能、品質、特色、名稱、顏色、包裝等細節，不過其中最重要的當屬「**特色**」。

我們可以從各方面去打造商品的特色。主要的切入點包括使用者會在什麼時候、在哪裡使用該產品等使用場合、顧客所感受的的價值、功能以及外觀等。

我希望你記住「**缺乏特色的商品很難銷出去**」。不重視這一點的人，就會想要拉攏廣大的客群、大肆宣傳「無所不能」、「應有盡有」。然而，這種想法會導致你不知道客人是誰、商品是什麼。

例如，假設你想當一名心理諮詢師，諮詢就是你能提供的服務。如果我問「你要提供哪方面的諮詢？」，回答「什麼煩惱都可以諮詢」的人，出乎我意料地多。

心理諮詢師確實可以處理各種疑難雜症。但從面對各種選擇的顧客的立場而言，又是如何？假設診所有十種診療科目，病患會覺得「這家診所的專長到底是什麼？」。顧客**在選擇業者的時候，最重視的就是「業者是否真的能解決自己的煩惱？」**。比起「無所不能」，「職場人際關係諮詢」還更能正確傳遞訊息，並且吸引擁有這類煩惱的人上門。

那麼，該怎麼打造產品的特色？

如果能確實掌握理想顧客的「痛苦」和「快樂」，把解決這些問題變成自己的**專業**，顧客就能清楚了解你的商品和服務。「解決○○問題的專家」、「享受○○的社群」，像這樣具體勾勒主題，就能吸引理想的顧客。

值得留意的是，縮小顧客範圍並不代表一切妥當。例如，「限定三十歲以下女性」，這樣的客群限定若無法讓理想顧客感到安心和信賴，也無法發揮你本身的優勢的話，就毫無意義。**從使用者、使用場合、功能、外觀等去縮小客群範圍，才能吸引到對的客群**。

在這個階段，所有決定都可以是暫時性的。或許一開始客人很少，但也會拉近彼此的距離。也請你向新顧客詢問「為什麼會選擇你？」這個問題，可以讓你知道自己的優點和特色在哪裡。

透過Amazon等平台販售商品的事業，或許不必講究特色，只要追求低價或速度。但是，服務態度、商品種類多寡、專業性以及評價好壞等，都可以成為一家店的特色。

另一方面，如果是販售手工商品，就算商品本身的功能普通到不行，也可以透過舉辦工作坊和設計講座等，打造獨一無二的特色。

① 讓身邊的人都變成Yes man！

「身邊不能都是對你百依百順的人。一定要有人願意對你說實話。」

資深的經營者前輩對我耳提面命過這句話。或許他說得沒錯。然而，在這個階段，我認為要**讓自己身邊都是是對自己百依百順的人**。

好不容易跨出一步，旁人卻不斷告訴你要怎麼做、潑冷水的話，不是很煩嗎？至少我很討厭別人這樣。我只想跟這種人說「我愛怎麼樣就怎麼樣。我就是要創業。」

我在「25分的知識」中提到夢想殺手的時候也有說過，當你想創業、想採取行動的時候，會有很多人給你各種意見。雖然很感謝他們提供意見，但是你現在需要的是**可以一起增加創業動力的夥伴**。夥伴和心靈導師跟你說一句「不錯喔！」、「要不要試試看？」，都可以成為你採取行動的原動力。

所以，請讓身邊充滿認同、支持自己，就某種意義上對你「百依百順」的朋友吧！

那這些跟你站在同一陣線的朋友，要到哪裡找？

老實講，你身邊或許沒有這種人。因為日本很少人有創業的想法。很多人暗自在心裡想「真的要這樣過一輩子嗎？」、「想辭掉工作，想要自由」，但會像你一樣實際拿起書、跨出一步的人少之又少。

如果你身邊沒有這種人，那不妨**參加**像創業18論壇這樣的社團。讓自己廣交志同道合的朋友。

除此之外，還有很多人寫部落格、透過ＳＮＳ發文等，只要你有心，一定可以找到夥伴。請追蹤你覺得不錯的人，並且看看他們的發文。若感覺是值得信賴的人，試著連絡看看，或許可以碰撞出不同的火花。

但如果對方跟你介紹奇怪的創業邀約之類，**當你感覺不妙的時候，也請立刻封鎖對方。**

另外，當你內心拒絕聆聽為你擔心的人的意見，**你就必須判斷並決定自己的未來**。

不要被旁人的意見和判斷牽著走，請透過書籍、雜誌、推特、網路媒體等找到可信賴的資訊管道，整合這些資訊與自己所擁有的資訊和價值觀，形成自己的想法並做出判斷。

②誰才是能互相成長的夥伴？

我在前一節說過，在這個階段你需要的是和自己站在同一陣線、互相提升創業動力的夥伴（就某種意義而言，對你「百依百順的人」），因此我要具體說明一下哪些人是「你現在應該來往的人」。

首先，可以成為夥伴的是**「願意聽你說話的人」**。人在創業的路上，很容易感到孤單。有可以偶爾聚在一起訴苦、互相鼓勵、開開無聊玩笑的夥伴非常重要。不過，既然諮詢可以成為一種行業，你就必須了解到「傾聽」具有很高的價值，甚至值得我們付費。因此，你必須保持**施與受的心態**，不要單方面地訴苦，「也要聽別人說話」。

當然，第一步要從付出做起。在創業18論壇的講座練習等活動中，有很多學員都會互相幫忙。

越積極幫助別人的人，在自己需要幫忙的時候，會有越多人願意伸出援手，反而讓他們能更快有所成果。

接下來，是**「能成為競爭對手的人」**。最好你一樣是準備創業的上班族。你不必與他討論創業或套交情。讓彼此處於可以相抗衡的狀態，讓他成為「你在意的人」，提升你的創業動力。

當然，你「不須要拿自己和別人比較」。在SNS等平台看到別人發展得很好的時候，心情難免會沮喪。調適自己的心理，有時候讓這些人成為自己的動力，有時候以「我是我」的心態，照自己的步調勇往直前——**「適當」地調整內心的競爭意識**。

最後是**「追隨你的腳步的晚輩」**。這些晚輩和你一樣擁有創業的夢想。前輩有很多值得我們學習的地方，但是追隨自己的人也非常重要。

為什麼他們也很重要？

因為**當你在指導晚輩的時候，就等於是在替自己複習，不僅可以加深自己的理解，還可以發現自己哪裡不足**。當然，偶爾也要拿出「不能輸」的心情。

然而，指導並不是要你擺出傲慢、說教的態度。以老鳥的態度自居、給一大堆意見、說不中聽的話，變成夢想殺手扼殺晚輩的想法，會讓你變得裡外不是人。當別人詢問你意見的時候，你只要分享自己的經驗就好了。

③ 注意那些不行動，「愛說教的人」

結交夥伴的時候，**要特別當心那些沒有行動、缺乏實戰經驗，「出一張嘴」的人。**

公司和網路上充斥著夢想殺手、從未付諸行動，只會酸言酸語的人，以及一事無成卻一副頭頭是道，告訴你怎麼做的人，就某種意義而言，我們很容易發現他們。我們應該可以避開或無視這種人。但是，由於「愛說教」的人看起來非常和藹可親，因此我們不容易迅速看穿他們。

我以前看過這樣的人：

這個人的目標是創業，五年來跑遍各家創業補習班。然而，不知道他是缺乏動力還是因為害怕，感覺他似乎沒有創業的拚勁。

但是，由於他上過很多創業補習班，所以吸收了很多創業知識。在讀書會上遇到新學員時，會激發出他的「說教魂」，不斷地說「你知道這個理論嗎？」、「其他做法更好」或「現在流行這種行業」等等。

他就像是**反指標**，「照他的方法做，就無法創業」。

④ 非目標客群的人所說的意見，「聽一半」就好

很多小型事業，都是因為照顧到顧客「想逃避痛苦」和「想追求快樂」的需求而成功的。顧客是為了該價值而付費。

準備創業的過程中，若你針對自己的商品和服務，徵求創業夥伴或身邊朋友的意見，**有時候會聽到很奇妙的回答**。說這種話的人並不是你真正的顧客，所以難以避免。

最要小心的是他們**對價格的意見**。他們沒有實際上的需求，而是基於個人的常識和收入來提供意見。由於他們的狀況與忍受極大痛苦、急需解決問題的人不同，因此通常**對價格非常計較**。

當然，我們應該感謝有人願意基於假設提出意見。不過，我希望你記住，「別人的話，聽一半就好」。

⑤自己的意見也「聽一半」

我想你應該已經知道，不必太在意非目標客群的人所提供的意見。因為困在問題中的當事人和以假設為前提來思考問題的人，他們的感受並不一樣。顧客的收入水準和顧客與你的關係，也會帶來很不一樣的答案。

同時，**你也要小心自己的「偏見」和「成見」**。由於缺乏信心而訂出的「超低價」或自信過頭而訂出的「令人瞠目結舌的高價」，都可能是錯的。價格是由市場決定的。利用需求與供給，以及顧客心中的「CP值感」，決定適當的價格。**設定假設、進行調查，透過不斷的調整，就能訂出適當的價格。**

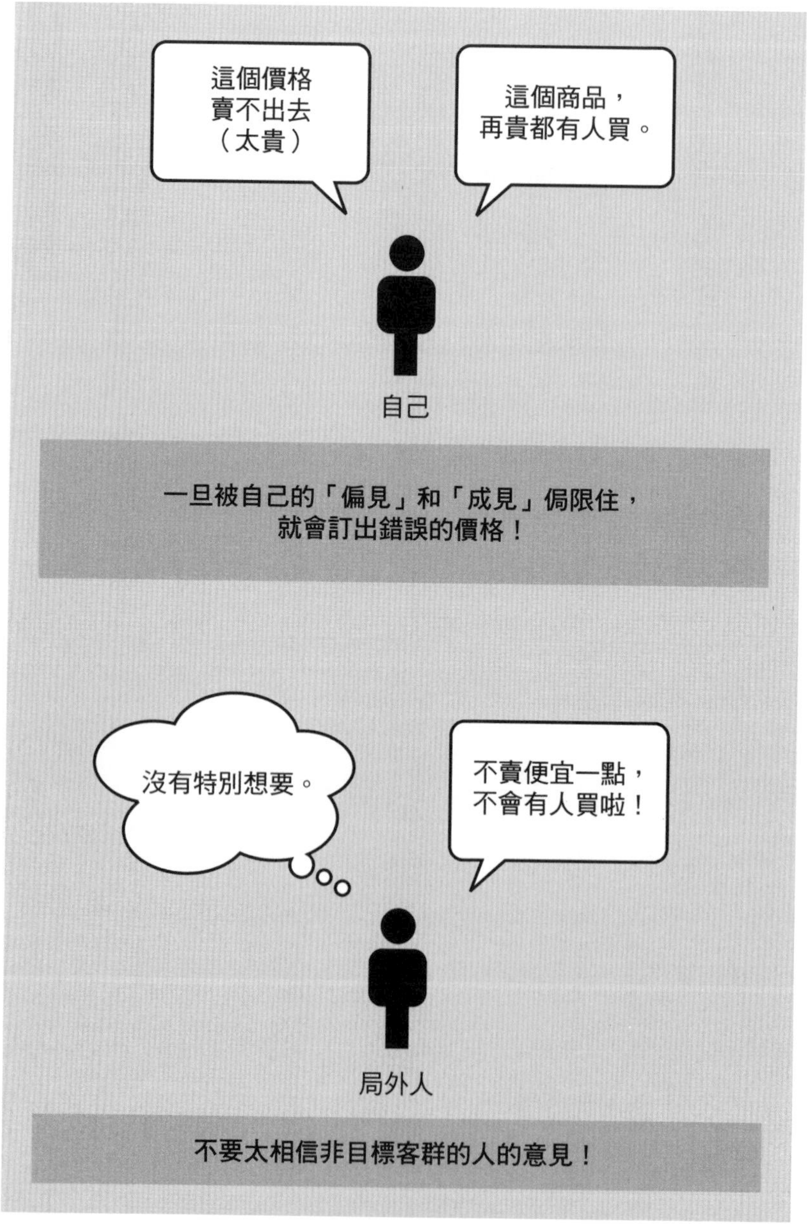
這個價格
賣不出去
（太貴）
這個商品，
再貴都有人買。
自己
一旦被自己的「偏見」和「成見」侷限住，
就會訂出錯誤的價格！
沒有特別想要。
不賣便宜一點，
不會有人買啦！
局外人
不要太相信非目標客群的人的意見！

找出適當的價格後，應該直接採用這個價格？訂低一點？訂高一點？，就必須靠策略來決定。我會在後面解說詳細內容。在這一階段，**對於自己對價格的感受，也只要「相信一半」就好**。

① 拋棄虛名，獲得實質的利益

在25分的「資金」力量中，我已經說明「在初步階段可以省下來的錢」。而在50分的「資金」部分，我要講解的是創業過程中的「活錢」和「死錢」。

你聽過**「活錢」**、**「死錢」**這兩個字嗎？活錢一般是指可以產生新價值的投資或花在別人身上的錢等，有助於讓事業和人生更好的用錢方式。而死錢則相反，指的是不必要的奢侈和浪費等亂花錢的用錢方式。

一項花費是「活錢」或「死錢」因人而異。即使沒有直接的獲利，只要是必要支出，都不能算是「死錢」。

不過，**「因愛慕虛榮而花的錢」，有很高的機會變成「死錢」**。例如可以在家工作的人，基於「在家裡很沒面子」的理由而租下一間辦公室、由於「可能會需要」而買下昂貴的設備、因為「一個人很孤單」所以聘用櫃台人員和處理雜事的工讀生、添購不需要的高級轎車等，都是典型的「死錢」用法。

如果你問「那把錢省下來，什麼都自己做不就好了?」，我會說「這是錯的做法」。在25分的「資金」階段，你開設了事業用銀行戶頭，**你應該將裡頭的存款都變成「活錢」，積極運用在投資上**。我常常說的「不花錢也能創業」，意思並不是「什麼錢都不花，只追求利益」。**不投資就不可能有獲利**。沒買樂透、馬票，就不可能中獎。

② 在這個階段，哪些才是「活錢」？

那麼，在這個階段的「活錢」，到底有哪些？

第一，包括手機、筆電、Wi-Fi路由器等可以**讓時間更有效率的投資**。當我們邊上班邊準備創業，就是覺得會時間不夠用。這種時候，**就要學會利用空檔**。

在搭乘交通工具時，用手機蒐集資訊，下班之後，到咖啡廳處理信件後再回家等，盡量把對家庭的影響降到最小，並且想辦法讓每一天都有進度。為了達到這個目的，**你需要性能強大的行動通訊工具**。

並且，若你想提升居家工作的工作效率，我建議可以使用雙螢幕。併列使用兩台螢幕，可以大大增加工作的效率。除了在辦公室會之外，我外出的時候也會把安裝Windows作業系統的電腦接上iPad（透過APP「Duet Display」），打造雙螢幕的環境。

第二種活錢，是與前面提過的**「與你站在同一陣線，互相勉勵的夥伴」**的聚餐費用。想打好人際關係，就一定要花錢參加聚餐、聚會。不過，就像我在25分的「資金」力量中也說過的，到處參加各種講座和異業交流會是起不了任何作用的。不要焦急、放寬心，若有機會認識不錯的人，就別吝嗇，不妨約對方吃頓午餐吧！

最後，第三種活錢是**「健康」**，雖然**對健康的投資**和事業沒有直接關聯，但卻是人生最重要的資本。創業需要體力，成功創業後，也必須比上班的時候更注重健康管理。健康管理指的並不是購買昂貴的保健食品、去高級的美容護膚中心或個人健身房。而是指有益健康的均衡飲食、充足的睡眠、養成做輕度運動的習慣等，不要捨不得花錢在這方面，該用即用。

③還不能貸款

說到創業，不少人會想到向金融機構貸款。最近也有人會申請補助金、群眾募資或接受創投公司的出資，不過創業規模較「大」的上班族，會偏向使用自己的資金＋貸款。

貸款購買設備雖然不是壞事，不過一旦用借款作為營運資金，幾個月或幾年後，資金就會周轉不過來，負債累累導致歇業。即使開始獲利，**小公司在熬到有獲利的時候還要還款，其實也很辛苦**。

的確，銀行願意借你錢，代表你有信用，這是一件值得嘉許的事。實際上，當你成為自營業者，連租房子都很困難。因為缺乏**社會信用**。但我的意思並非「趁還在上班的時候，能借多少算多少」。

一開始最好還是**「在自己的經濟能力之內」創業，腳踏實地讓自己的事業茁壯**。

「規模這麼小，永遠不可能成為有模有樣的事業，不可能闖出什麼名堂啦」。

我似乎聽到有讀者這麼說。的確，或許是這樣沒錯。然而，就像本書一開始說過的，日本的歇業率相當高。

個人事業主的歇業率，在創業第一年為37．7％、第三年為62．4％。創業十年後上升為88．4％。約九成的人創業（獨立）後，也被迫歇業。（摘錄自本書「前言」）

我不敢說「這點風險不算什麼！」。但若你最後滿身債務，該怎麼辦？如果你是孤家寡人就算了，但你心愛的家人或許也會因此失去笑容……。這種情況我連想都不敢想。

就算事業規模小，實際去做做看，增加自己的創業知識、人脈及資金，從實戰中培養實力後，再向銀行貸款也不遲。這是我的想法。

④ 寫下你需要多少資金

你想做的生意，需要多少資金？把你能想到的費用全部列出來，當作是編列預算一樣，把這些費用視為「預定支出」。

首先是**「賺到第一塊錢所需的費用」**。你會用這筆費用來籌備商品、打廣告以刺激買氣。經營一陣子後，你可以試著提高標準，列出讓每個月利潤達100萬日圓的必要支出。

例如，假設你的事業客群是「擔心被裁員、小孩還小的中老年人（理想顧客：佐佐木幸男，46歲），服務內容是提供『形象提升手冊（PDF）』和Skype面談，協助他們再就業，並每個月舉辦『團體餐會』」。你要花多少錢才可以銷出一個這樣的商品？把你所想到的通通列出來。

【每個月的費用】

可歸類至固定費用的支出（就算業績是零，還是會支出的費用）

通訊費（定額Wi-Fi機）……3000日圓／月
廣告宣傳費（Google廣告、宣傳單印製等）……1萬日圓／月
招待應酬費（與顧客和相關人員的聚餐費鄧）……1萬日圓／月
土地租金、房租（虛擬辦公室合約）……2500日圓／月
會議費用（租借10人用的會議室）……1萬日圓／月
新聞圖書費用（書籍、雜誌等）……3000日圓／月

可歸類至變動費用的支出（隨業績增加）

旅費交通費（電車、計程車等）……3000日圓／月
消耗品費用（文具事務用品、墨水）……2000日圓／月
付款手續費……2000日圓／月
會議費用（開會的咖啡費用等）……3000日圓／月
其他雜費、預備金……3000日圓／月

【初期階段（只有初步會花到）的費用】

廣告費用（名片、傳單設計）……1萬日圓／月
消耗品費用（麥克風、列印機）……1萬5000日圓／月

【按比例計算已經支出的費用】

固定費用

通訊費（按比例為50%：手機、網際網路服務供應商）……6000日圓／月
土地租金、房租（按比例為20%：辦公室〈家裡的房間〉）…2萬日圓／月

【目前還不用花錢的部分】

辦公室（使用家裡的房間、使用虛擬辦公室的住址）
手機（用私人手機來處理公事）
筆電（用家裡的電腦來處理公事）
電腦軟體（使用原本就有的Word、Excel、PowerPoint、Skype等軟體）
網站（營業額超過10萬日圓後，就會請專家設計）

固定費用和變動費用的歸類沒有絕對，因此粗略分類即可。一般而言，事實上，在不同的事業中，變動費用的項目也可能被列入固定費或剛好相反。最重要的是**掌握大概的花費，以受薪族的立場去思考自己可以承擔多少風險，並做出正確的投資**。各種花費的金額也只要大略抓出來就好。你會慢慢能正確掌握正確的數字。

以這個例子來看，每個月的固定花費為6萬4500日圓。其中，「按比例計算已經支出的費用」與私生活的費用有所重疊，因此不是額外的費用。每個月要額外支付的費用為3萬8500日圓。就算營業額為零，**每個月都照樣要付這筆錢**。如果要再省一點，到圖書館借閱書籍或雜誌，每個月就能省下3000日圓。自己在SNS發文和宣傳，或許也能降低廣告費。

沒有實際投入事業，就很難具體想像具體需要多少錢。不過，先決定金額，好好運用這筆錢，推動事業非常重要。

⑤紀錄花了多少錢

開始準備創業後，就會有一些瑣碎的費用要支付。開會的時候，要花錢買點心飲料、搭乘交通工具也要錢。把這些創業的花費，**用Excel完整記錄起來非常重要。收據也要記得保存好**。

以個人事業來講，創業的費用稱為**「開辦費」**，會暫時歸類在**「長期待攤費用」**的資產科目中。繳交「個人事業開業・歇業申請書」（開業申請書）並正式開業後，則可以選擇**「60個月平均攤銷」**或可以每年自由決定攤銷金額和攤銷期間的**「任意攤銷」，作為攤銷費列入必要經費中**。

不過，也有一些費用不能列入開辦費中，務必留意。

【不能列入開辦費的代表性費用】

供私人使用的租家、水電費、通訊費、應酬費等。

購買10萬日圓以上的電腦（注）

押金、保證金、加盟金等會返還的費用

以銷售為目的而採購商品或材料等的費用等（銷貨成本）

（注）屬於折舊資產。在日本，若申報所得稅時符合「青色申報」的資格，則也會例外變為「少額折舊資產特例」。將私人電腦轉為營業用時，也可以將轉用時的資產價值〈未攤銷餘額〉，變為〈小額〉折舊資產。詳細資訊請向日本稅務署或稅務師諮詢。

雖然聽起來有點複雜，但總之請先以月為單位記錄支出並好好保管收據。**這麼做會讓你創業後的稅金差很大**。

就像我在25分的「資金」力量中所說的，辦一個事業專屬的戶頭管理資金的出入帳，購買用品或申請文件時，使用事業專屬的信用卡，之後只要管理現金的流動，讓你記錄起來不費吹灰之力。將銀行帳戶、信用卡與**線上會計軟體連結**，還能讓管理財富變得更輕鬆。

〈我推薦的會計軟體（雲端型）〉（日文）

freee　https://www.freee.co.jp/

Money Forward　雲端會計　https://biz.moneyforward.com/

彌生線上會計　https://www.yayoi-kk.co.jp/products/account-ol/index.html

第4章

第四個月前要做的事：鍛鍊行銷能力

❑ 提升「商品力×宣傳能力×信用度」

我們終於來到準備創業的後半場了。目前為止，你已經找到自己「喜歡的事物」、「想做的」以及「旁人的需求」，發想出商品並且擁有志同道合的夥伴。

從這個階段開始，你要開始增加**商品的完成度**（**提升商品力**），包括設定服務內容和價格等，進行**集客活動**（**提升宣傳能力**），宣傳商品的魅力、開發潛在客戶，並且**建立品牌**（**提升信用力**），累積實績經驗，成為被客戶挑中的人（公司），成功售出商品。

首先，你要打造商品或服務的內容。我們在前一章已經設定理想的顧客並且構想出商品概念，接下來你要做的，是把想法轉變為實際上「可購買的狀態」。本書也是我把腦袋中的想法寫成文章，轉變為書籍的形式後，才變成讓大家都能購買的「物品」。把你腦中的**想法轉變為有形的物品吧**。

基本上，你要決定下列事項：

規格（顏色、大小（尺寸、時間）、服務內容等）
交貨型態（時間、地點、方式、包裝等）
採購（方法／作業內容）
通知（方法／作業內容）
接單（方法／作業內容）
帳單（方法／作業內容）
回收（方法／作業內容）
交貨（方法／作業內容）
其他（取消訂單規定／免責聲明等）

雖說你必須決定這些事項，但老實講你應該不太清楚要怎麼做，因此請購買類似的商品和服務，逐一確認每一項目，這樣做起來會比較簡單。

決定商品或服務的規格後，可以用免費的方式請朋友試用。我想你應該會聽到「這個好怪」、「怎麼會這樣？」等諸多抱怨。

針對朋友提出的意見一一改進，製作出能賺錢的最低標商品。

當然，真的很不會製作商品或擅長經營和發布資訊的人，以及喜歡把工作全部包出去的人，可以向50分的「知識」第②部分（第119頁）所介紹的一樣，透過代理商媒合網站等，充分了解商品後直接進貨。總之，**「擁有自己的商品」**是最重要的課題。

❑ 透過網站提高宣傳能力和信用度

接下來是培養**宣傳能力**。讓潛在客戶知道你和商品的存在，使他們了解商品的特色和優點。並且讓潛在客戶主動聯絡你。

提高宣傳能力的方法有很多，不過若是一邊上班一邊準備創業，**請先加強網路上的宣傳能力**。

很多人聽到我這麼說，常常會問「若服務對象是法人，那在網路上宣傳、招攬顧客根本沒有意義吧？」，不過就算你不做網路行銷，**至少也要有一個網站讓顧客認識你的公司**。

最近很多人會利用媒合APP、SNS及部落格等平台，所以認為「自己的公司不需要網站」。雖然有越來越多「自我啟發型的創業輔助事業」提倡「『態度』勝於資訊曝光」，但絕對沒有這回事。一個公司至少要有活躍的自有媒體，才能讓眾多顧客感到安心。

我會在後面說明詳細內容，不過，一般個人事業應按照下列步驟加強宣傳能力。

①利用（超短期集客）技能分享網站和與其他公司合作（介紹）。

②在SNS、部落格、影片等發布訊息（短期～中期），吸引觀眾成為你的粉絲。

③架設網站（中長期），讓人可以搜尋得到。

雖然寫出來只有短短三行，但是若不想花錢，就只能花時間。一旦決定好方向，就及早動手吧。

最後是**信用力**。除了你個人的信用之外，還包括對商品、服務品質及銷售平台的信賴等等。

除了透過部落格、影片及SNS等所傳遞出去的**個人品格**建立個人的信用之外，**實績、權威也是一種認證**，而**評價、評論**等「非業者所提供的訊息」也會影響個人的信用。有時候也會有人問你在哪家公司服務和擁有什麼證照，但若你擁有專業實績，這些也就不那麼令人在意了。

銷售平台和付款系統的信用其實也非常重要。例如，若你透過**Amazon**來銷售，由於Amazon本身就是「知名的大企業，方便退換貨」、信用度高，因此任何業者都比較容易在這個平台銷售商品。

技能分享網站也一樣，由於技能分享網站已經審核過業者的身分、退款系統和取消規定明確，且已經有多使用者評論可參考，所以很多人會對你的服務產生信用並選擇你的服務。

□ 宣傳能力提升後的風險管理

但是，我在第1章也稍微提過，網路上無論是正面或負面評價、評論，很多都是造假的，也有業者的親朋好友基於鼓勵的心態留下正面評價。這些評價平均之後，就變成整體的分數，而消費者在意負評勝於正面評價。

例如，就算一本書賣了10萬本，在Amazon上面的書評最多只有100～200則，由此可見很多讀者不會特意上網給評價。不只Amazon，在講座資訊網站和技能分享網站上，都是**宣傳能力越高，得到負評的風險越高**。實際上，我身邊也有很多人因為惡意中傷而受傷。在這個時代，我們必須了解，發表自己的意見和主張的同時，也要有**接受負評的覺悟**。

本書的目標讀者「對創業有興趣的上班族」，在提升宣傳能力之後，總有一天也會因為遭到匿名批評或單方面的攻擊，而感到憤怒、傷心或無奈。上班族不會有這樣的經驗。不過，當你提出自己的想法，就一定會出現正反兩極的評論。社會上也常常有大學生買了為小學生寫的書，然後說「內容太簡單，根本浪費錢」。

把資訊充分傳遞給理想的顧客，就能獲得理解並讓別人支持你。

二〇一六年三月二十五日，某書籍作者因為Amazon上的書評遭受名譽損害，作者向東京地方法院提起訴訟，要求Amazon公開評論者的個資，東京地方法院判決Amazon應公開評論者的ＩＰ位置、姓名、地址及email（四月八日確定）。世界正在慢慢改變。

包含毀謗在內，擔心在日本做生意會面臨許多風險的人，可以加入以下保險。我個人為了謹慎起見也有投保。

律師費用保險Mikata　https://preventsi.co.jp/product/

律師保險顧問　https://yell-lpi.co.jp/komon-m/

不過，提高宣傳能力、累積實績和信用是需要時間的。與其花時間處理這些毀謗中傷的留言，**不如想辦法及早讓別人更了解自己和商品，做對他人和社會有用的事，才能迎向健康快樂的人生**。至少我是這麼想的。

□ 連結商品力和宣傳能力

商品達到可販售的最低標準狀態後，我希望你能注意一件事。我在50分的「知識」（第

138頁）中說到**「沒有特色的商品賣不出去」**。當你重新檢視商品或服務的時候，能否看到特色？應該把哪一點當作宣傳重點？為什麼顧客要選擇你？

思考下列幾點，有助於強化商品力：

- 這個商品否符合顧客的需求，或幫助他們「逃避痛苦」或「追求快樂」？
- 你是否有充分的理由，說明商品可以解決顧客的需求？
- 具體而言，商品會什麼在什麼時間、地點，以什麼樣的方式解決顧客的需求？
- 顧客為什麼要選你而不是別人？
- 你的商品與其他人（其他公司）最大的差異在哪裡？（下列A～E）。

（A）目標客群的年齡、性別及屬性差異
（B）目標客群的痛苦和快樂的差異
（C）你的性格、資格與經驗的差異
（D）商品的提供方法、場所、時間的差異
（E）商品內容、規格的差異

請花點時間思考，直到找到能說服你自己的答案為止。當然，在你與顧客互動的過程中，這些答案都會深化、變化並且變得明確。

提高產品力，決定好宣傳重點之後，就可以執行前述的幾件事。

①利用（超短期集客）技能分享網站和與其他公司合作（介紹）。

②在SNS、部落格、影片等發布訊息（短期～中期），吸引觀眾成為你的粉絲。

③架設網站（中長期），讓別人可以搜尋得到你。

如果你已經有在使用第3章第109頁所介紹的技能分享網站，可以試著增加宣傳重點，加強推廣。或許這麼做不能立刻讓業績長紅，但應該可以得到更多顧客的良好反應。

還沒有任何動作的人，請開始利用銷售、集客平台，增加自己的新手經驗。若你覺得自己的商品或服務不適合透過網路來攬客，那麼也可以發送廣告傳單給朋友，請他們介紹客人。

另外，在網路上搜尋「原創 ○○ 生產（或製造、製作等）」，就能找到各種商品的OEM廠商和可以提供小量生產的企業。

網路上有很多特定服務的銷售、集客平台。這些平台本身也非常競爭。許多新的服務如雨後春筍般冒出，然後消失。因此，若你將來想辭職創業，那麼透過**單一平台攬客是很危險的行為**。請利用多個平台銷售商品和服務。雖然最後還是要提高自己的宣傳能力，靠自己吸引顧客，但是在初創階段，最好能積極利用兩個不同公司建立的平台。

若你的事業的目標客群是企業或自營業者，除了Lancers、CrowdWorks等**技能、服務銷售平台之外**，其他平台大多不適用。

因此，雖然邊上班邊創業的難度頗高，不過請利用第178頁介紹的平台或透過朋友的引薦，吸引顧客。

企業委託的工作，或許與你想做的事或想賣的東西不一樣，工作方式也與你在上班的時候截然不同。然而，**若能幫助企業締造實績，或許有一天你會有機會販售你真正想賣的商品。**

Jimoty　https://jmty.jp/
StreetAcademy　https://www.street-academy.com/

〈銷售空間的平台〉

Airbnb　https://www.airbnb.jp/
Instabase　https://www.instabase.jp/
Spacee　https://www.spacee.jp/
會議室.COM　https://www.kaigishitu.com/
SPACEMARKET　https://www.spacemarket.com/

〈其他特定服務的平台〉

Anyca　https://anyca.net/
FashionAttendant　https://fashion-attendant.com/
KitchHike　https://kitchhike.com
pato　https://pato.today
SCOUTER　https://service.scouter.co.jp
SKIMA　https://skima.jp/
Code Tike　http://www.codetike.ip/
周末模特兒　https://weekend-model.com/

〈針對企業提供服務的平台〉

99designs　https://99designs.jp/
BizGROWTH　https://bizgrowth.jp
Bizlink　https://bizlink.io/
Bizseek　https://www.bizseekjp/
CODEAL　https://www.codeal.work
Conyac　https://conyac.cc/ja
Craudia　https://www.craudia.com/
Findy Freelance　https://freelance.findy-code.io/
Gengo　https://gengo.com/ia/
HighClass　https://highclass.work
ivyCraft　https://ivycraft.ip/
KAIKOKU　https://kaikoku.blam.co.jp/
SAGOJO　https://www.sagojo.link/
Saleshub　https://saleshub.jp/
Skillots　https://www.skillots.com
Skill Shift　https://www.skill-shift.com/
workshift　https://workshift-so.com/
Yahoo! Crowdsourcing　https://crowdsourcingyahoo.cojp/
Shuuumatuworke　https://shuuumatu-worker.ip/
職人館　https://shokuninkan.jp/
VISASQ　https://service.visasq.com/
專業的副業　https://profuku.com/

〈產品銷售平台〉

Amazon電商服務 https://services.amazon.co.ip/
BUYMA https://www.buyma.com/buyer/
Creema https://www.creema.jp/
oichi https://www.iichi.com/
minne https://minne.com
Mercari https://www.mercari.com/io/
雅虎拍賣 https://auctions.yahoo.co.jp/

〈產品生產平台〉

canvath https://canvath.jp.
nutte https://nutte.jp/
SHASHINGIFT thttps://www.shashingiftjp
sitateru https://sitateru.com/

〈技能、服務銷售平台〉

Crowd Works https://crowdworks.jp/
shufti https://app.shuft-io/t8/
Lancers https://www.lancers.jp/

〈技能、服務＋知識銷售平台〉

ANYTIMES https://www.any-times.com/
coconala https://coconala.com/
REQU https://requ.ameba.jp/
takk! https://takk.fun/
TIME TICKET https://www.timeticket.jp/
Zehitomo https://www.zehitomo.com/

〈知識銷售平台〉

Cafetalk https://cafetalk.com/
Infotop https://www.infotop.jp
note https://note.mu
vimeo ON DEMAND https://vimeo.com/p/ondemand/startseling
Cyta https://cyta.jp/

〈講座／活動銷售平台〉

EventForce http://eventforce.Ip/
meetup https://www.moetup.com/
PassMarket https://passmarket.yahoo.co.jp/
Peatix https://peatix.com/
TECH PLAY https://techplay.jp/
Koku Cheese https://kokucheese.com/
Cotosaga https://cotosagacom

提高自己的品牌力，自己吸引顧客，就能承接高單價的工作，也可以自己開條件。若你不願只當一個有副業的上班族或者只能承攬別人轉包工作的自由工作者，而是想成為一個能夠享受財富和時間自由的創業家，那麼就請邁入下一階段，透過SNS、部落格等平台發布資訊並架設網站。並且期許自己未來更上一層樓。接下來我會介紹發展事業的方法。

別再想了，動起來吧！

讓你的創業力，平均發展至75分。

① 利用「3步驟＋1」觸及客人

在50分的「知識」中，我們已經縮小了客群。進行各種嘗試，在錯誤中學習後，目標客群或許會改變，但透過縮小客群範圍，會讓我們更容易企劃商品。

在75分的「知識」中，我們要**想辦法讓更多潛在客人知道**你針對理想顧客所製造出來的商品。

為了提高商品力，你已經稍微思考過商品的宣傳重點。或許有人已經開始運用技能分享網站推廣自己的商品或服務，或透過人脈找到企業客戶。

但你的商品和服務開價多少？或你希望以多少錢賣出自己的商品或服務？

很多人都是第一次創業。由於缺乏經驗、自信和品牌，所以無論是提供心理諮詢、舉辦活動或專業的顧問服務，起初價格帶都會設定在幾百日圓～幾千日圓。

當然一開始可以設定這樣的價格，但如果你想辭掉工作創業，就應該讓事業具有更高的收益性，否則連上班的薪資都賺不到。

那麼，心理諮詢一小時3萬日圓、聯誼活動一次5萬日圓，這樣的訂價可以嗎？當然，你要賣多少錢是你的自由，不過就算理想的顧客收到這樣的商品或服務資訊，恐怕也賣不出去吧。

原因就在於沒有實績和品牌，也就是**缺乏信用**。

若你希望在缺乏信用的狀態下，顧客還願意購買你的商品，必須**利用「3個步驟」接觸顧客**：

步驟1　透過網站或介紹，讓顧客認識商品、服務

↓

步驟2　讓顧客以低價或免費試用商品、服務

步驟3　以一個讓你獲得利潤的價格，售出商品、服務

←

就是這3個步驟。不過，如果在步驟1就直接推出高價單品，成效會大打折扣。雖然依商品和顧客的經濟能力而異，不過**人們出自衝動購買、可以接受「被騙就算了」的金額，大約落在幾千日圓～一萬日圓**。先訂一個顧客願意試用的價格來宣傳商品，等顧客實際用過、增加對商品的信用後，再轉換至步驟3，才能順利把貨賣出去。

並且，其實在步驟1之前，還有**「步驟0」**。這就是**「3步驟＋1」**。

步驟0　提供與自己相關的資訊，以及對理想顧客而言重要的資訊

步驟0是指「第0印象」。若初次見面會留下「第一印象」，那麼顧客更早之前透過網路等管道知道你這個人的時候，留下的則是**「第0印象」**。尤其若你提供的是本身即商品的「知識型」服務，那麼顧客對你的「第0印象」越佳，進入步驟1的機率的就越高。

我經常看到有人在SNS或部落格的留言區打廣告。我認為這很沒有意義的行為，人們不會對只會打廣告的人產生好印象或共感。

在可能的範圍內提供與自己相關的資訊，以及理想顧客看重的資訊，才能提升「第0印象」。並且，建立良好的「第0印象」，才能強化步驟1之後的功效。

❑ 前端商品與後端商品

在步驟1宣傳的商品，是以低價或免費提供的「集客商品（稱之為**前端商品**）」。

你目前所構想出來的商品，是前端商品？還是「可以充分產生獲利的商品（稱之為**後端商品**）」？將商品設定在低價格帶的人，必須思考什麼樣的後端商品才能增加獲利。而將商品設定在高價格帶的人，則要思考應該籌備什麼樣的前端商品，才能推銷後端商品。

並非便宜就是前端商品，貴就是後端商品。免費提供價值昂貴的商品、聚集人氣，提供後續付費服務也是一種戰略，或者像百貨公司美食街一樣，請客人試吃一小片香腸或一小杯酒來吸引客人購買大包裝的商品也是策略之一。利用體驗課程吸引群眾，並介紹正式的課程。發送免費的是用品，為試用者介紹付費商品。讓顧客免費試用，第二個月起再收費。這些都是**從前端商品轉換至後端商品的商業模式**。

例如前面有提到「與外國人的烹飪婚活派對」的創意點子。以此為前端商品，價格訂在5000日圓，而後端商品則是當雙方配對成功、步入禮堂的話，則須支付數十萬日圓的「感謝金」，就像婚友社一樣。另外，若是以派對活動為後端商品，那麼前端商品就是初次體驗，免費參加等。並且，由於我們很難以5000日圓的後端商品維持生計，因此還可以改成月費制並吸引更多人參加，採取不同的策略或收費機制。

那麼，你的商品目前規劃得如何？請以前端和後端的角度，重新檢討你在50分的階段所構想出來的商品。這個商品屬於前端還是後端商品？收益是否大到足以支撐你辭職創業？改進不足的地方，就能逐漸掌握事業的全貌。

籌備好前端商品和後端商品後，若有必要則從「步驟0」開始，若沒不需要，則可以直接跳到「步驟1」。**你視為目標客群的理想顧客所需的資訊，以及有關於你自己的資訊，都是你應該提供的訊息。**

選擇知識型事業的人，必須從「步驟0」開始進行。選擇其他事業類型的人，為了提高顧客選擇自己的機率，最好也從「步驟0」開始做起。

一般人通常會選擇部落格、臉書、IG、推特、note、YouTube等網路平台來發布資訊。除了上述平台之外，還有TwitCasting和抖音等影音社交軟體，而該選擇哪一個媒體或平台，則依顧客屬性而異。以下為日本各主要SNS網站大致上的使用族群分布：

推特　20～29歲、40～49歲
臉書　30～39歲、40～49歲
IG　20～49歲
YouTube　兒童、40～69歲

臉書（個人帳號）可以用來維持朋友之間的聯繫，也可以用來認識新朋友，因此請先在臉書**「養帳號」**，確實發布理想顧客渴望的資訊，讓顧客追蹤你，增加你的追蹤人數。已經有在使用技能分享網站的人，或許也可以從SNS平台上接到工作。

另外，未來我們將邁入5G時代。**利用影音發布訊息**將越來越普及。一開始拍攝影片的時候，不必太在意品質，不妨先成立一個頻道，用手機拍攝知識型影片，上傳到網路。

② 提高前端商品的商品力

在這個階段已經開始賣出商品的人，等於是前端商品發揮了功能。商品已經賣得出去的人，必須做的有「①讓購買前端商品的顧客，購入後端商品」、「②建立能夠主動吸引顧客購買前端商品的機制（架設網站），不必依靠其他公司的機制」。

而商品賣不出去的人，應該繼續「①由於前端商品的魅力、特色薄弱，重新找出這部分」、「②強化步驟0（在SNS等平台上的宣傳能力）」。

做一門生意，讓前端商品擁有穩定的客源非常重要。因為就算讓你好運賣出後端商品，若缺乏其他繼續購買前端商品的潛在客戶，這門生意就無法永續發展。

無法利用前端商品吸引顧客的人，請重新檢討前述2點。

你的前端商品，特色是什麼？像你在50分的「知識」中的第5部分（第138頁）中思考商品特色（目標顧客、使用場合、顧客感受到的價值、功能、外觀等）一樣，請再思考一遍。

前端商品不同於後端商品，定價低甚至是免費提供，因此不需要和後端商品一樣擁有強烈的魅力或特色。不過，前端商品至少要擁有讓理想顧客**「想購買」**的魅力和吸睛亮點。

若你想不出來，不妨向**同業或競爭對手的商品學習**。也就是購買同類型的前端商品，探討顧客選購該商品的理由以及該商品的優勢。這樣的做法，可以幫助不擅長創意發想的人，省下許多精力和時間。

觀察別人（其他公司）的商品內容時，有幾項重點：

首先是**銷售者的個性**。對於知識型、專業型的事業，這一點尤其重要。請觀察自己與銷售者在經歷、性格、價值觀、說話方式、臉、服裝、髮型、走路方式、顧客選擇他的原因等方面，有沒有相似的地方。

接下來要看的是**商品的提供方法**、**場所**、**時機**。例如，假設你的前端商品是「商品的試用品」，那不妨參考最近常見的健康產品的前端商品宣傳文案。

「原價○○元，降價大優惠○○元（25折！）只限今日」，像這樣限定期間和條件、大打折扣。這個方法可以讓顧客先試用，吸引他們回購，或者等試用期間結束後，簽訂正式的契約。其他商品或許有你可以模仿的地方。

除了商品型事業之外，也有人販售講座影片，提供載點、提供買家免費的Skype面談服務、在平日早上提供諮詢服務、選擇在飯店大廳而非狹小的咖啡廳進行心理諮詢等，用心思考提供前端商品的方法，讓理想顧客感到「商品的魅力」。請仔細觀察，模仿你能做到的部分。

最後一個要留意的是**前端商品本身**。

假設你的後端商品是美味的神戶牛肉。為了賣出去，你把牛肉切成1公分的丁狀、用牙籤插著提供試吃，這就是前端商品。並且，你也推出加量不加價的促銷活動，只要是當天購買的顧客，都會多送他們幾克牛肉。

這樣一定可以吸引很多買氣吧！

然而，你為了滿足顧客，所以提供大塊的試吃品。若顧客吃了之後心想「吃飽了，不用買了」，他們會怎麼做？然後，你對試吃完的顧客說「感謝光臨。這是免費的試吃活動，歡迎隨時來試吃」，你的商品賣得出去嗎？這個試吃活動，出現了幾個錯誤。

①試吃的牛肉太大塊

②光是試吃就滿足了客人的食慾

③由於試吃的肉切得很大塊，因此至少第二次試吃需要由顧客付費

④沒有介紹神戶牛肉的特色

你應該都能猜到這些錯誤吧。創業成功的人，推出前端商品時，不會出現這樣的錯誤。他們提供的試吃品，分量恰到好處，既可以讓顧客品嚐到肉的美味，又絕對不會讓顧客吃飽。他們會在顧客試吃的時候，說明吃肉對身體的益處、為什麼神戶牛肉特別好、怎麼煮比較好吃以及各種調理方式等。並且，他們也會積極說明為什麼今天值得買，也會介紹加量不加價的活動以及透露數量不多等資訊。

前端商品不能只是便宜就好。**這是讓你和顧客之間的第一次接觸，是讓顧客能認識後端商品的策略商品**。前端商品不是為了賺錢的商品，是為了建立信用的商品。提供前端商品的時候，不能讓客人感覺「被推銷」、「商品沒用」或「已經滿足！不需要買」。

請觀察其他公司（別人）採取什麼策略，從前端商品賣到後端商品。「只是來考察商品，卻獲益良多。不知不覺也起了想購買後端商品的念頭」，若遇到這種很有吸引力的前端商品，就盡量模仿吧。

提高前端商品的商品立之後，就要進入「步驟0」、「步驟1」的資訊發布階段。注意發文內文，在盡可能的範圍內提到與自己有關的資訊，提升「第0印象」。並且，介紹有助於解決顧客問題的資訊、宣傳前端商品的特色和優點。如果你有在用技能分享網站，也可以在平台上介紹前端商品。

③ 你的競爭優勢在哪裡？

到目前為止，我已經介紹過如何打造前端商品的特色，以及模仿其他公司（他人）商品時，須留意的地方。並且，我想各位讀者都已經開始經營ＳＮＳ和發布訊息。不過，一個商品都還沒賣出去的人，應該還是占多數吧！

宣傳能力差、缺乏信用（實績、品牌、認證）等，都是導致商品賣不出去的原因。讓我們依序改善這幾項弱點吧。

首先是**宣傳能力**。你必須在理想顧客聚集的網站、媒體或ＳＮＳ上發布訊息。例如，你現在所使用的技能分享網站、活動資訊網站、銷售平台或網站，真的適合你的產品嗎？而理想的顧客又是如何看待你的發文？請仔細思考這些事情。

其實，你前面所構想的商品內容和特色，大多都「只有試用過商品的顧客才知道」。當然，由於我們必須讓顧客了解商品，所以我們照這個方向去發展商品，然而在這之前還有一件事要注意。那就是你要做的是**發布資訊，「包裝商品」**，而非「製造好的商品」。讓商品看起來很棒，令人有所期待，商品才賣得出去。

為了在宣傳中讓商品看起來很棒（奪目），首先你必須清楚自己的**競爭優勢**。競爭優勢是指你和你的商品，比同業或競爭商品更棒的部分，也是顧客選擇你的理由。

我在前面介紹了模仿其他公司（他人）商品時的要點（提供者的個性、提供方法、內容）。這些要點或許就是你的優勢，也可能有其他你尚未察覺的優勢。在還沒有顧客的階段，**請先設定假設、詢問理想顧客的想法或宣傳自己的優勢**。等到有客人之後，透過問券調查，就能更清楚自己的優勢所在。

例如，如果你經常被稱讚「笑容很漂亮」、「和你聊天過後心情會變好」，那麼不妨試著公開讓你能展現這種氛圍的照片，告訴大家為什麼別人會對你產生這種感覺。

就算是毫不起眼的小事，只要能成為讓客人覺得「不錯」並選擇你的理由，這就是你**最棒的競爭優勢**。

在創業18論壇中，也有學員具備強大的競爭優勢。例如，在大型製造業擔任技術研發的齊藤（化名），從事海外家電代理商作為副業，他將本業中所培養的研發能力作為武器，自行提出研發提案書，以獨家方式代理獨創商品，闖出無人能及的的事業。

並且，原本在網路上販售朋友設計包款的高田（化名），除了成為個人造型師、提供穿搭諮詢服務之外，現在也拓展業務範圍，運用自己每天在ＩＧ發文所培養出來的行銷技能，從事ＩＧ行銷代操的工作。對於想提升自我形象以促進事業發展的人而言，購買高田的服務不只可以獲得穿搭方面的建議，還有人會幫自己發文行銷，獨一無二就是顧客選中高田的理由。

找出你的競爭優勢，告訴大家你的好！

④想一句廣告詞

到這個階段，你已經可以開始宣傳自己以及前端商品的特色和競爭優勢，不過，你還會面臨另一個很大的困境。那就是**事實上，多數人幾乎都「不會看」或「不相信」你的發文，就算看了也不會「有所行動」**。

就算你的前端商品優惠到令人不敢置信，或者你很有強的競爭優勢，但頂多只有朋友幫你按按「讚！」，市場反應冷淡……這種情況相當常見。

這種情形如果發生在SNS上，多是由於追蹤人數少等，尚未成功經營帳號所致。如果是技能分享網站，則多是由於你的資訊被眾多訊息淹沒，完全無法引起注意。遇到這種狀況，你可以想一句「**廣告詞**」。

廣告詞是指引起觀眾好奇的宣傳標語，可以讓還沒看過商品文宣的人，知道商品的存在，了解商品特色和競爭優勢，並產生興趣的技術。

這項技能對於發展小型事業非常重要。

廣告詞之深奧，足足可以寫一本書來介紹，若你執意追求艱深的技術，就會舉步維艱。你的目標既然不是成為廣告詞專家，那麼如果在街上廣告、電車吊環廣告、購物雜誌、書名或書腰上看到厲害的廣告詞，就抄下來吧！請依照你的事業需求，練習改寫這些廣告詞。

廣告詞有很多種類型。以下幾種是適合初學者的類型：

①「煩惱→展望未來」型
②「行動→展望未來」型
③「為什麼→展望未來」型

讓我來一一說明。

①「煩惱→展望未來」型

若你知道理想顧客「想逃離（避免）的痛苦」、「不想做的事」以及「渴求的結果（光明的未來）」，就可以把這些寫進文章，直接摘錄作為廣告詞。

你是否正在煩惱【40歲以後好像很難換工作】（煩惱），【就算換了，年收入也會變少吧】（煩惱）？其實，我有方法可以讓你【40歲以後換工作】且【年收入不減】（光明未來）。

對於已經構想出商品和理想顧客的你而言，這類型的廣告詞比較好上手。

②「行動→展望未來」型

接下來這種類型，強調的是解決問題的行動。前面的類型，只提到「年收入不減」，卻沒有說到具體的方法，而這個類型則有說明該採取什麼行動。

行動

如果你【在24小時之內註冊會員】，就可以無限次瀏覽40歲族群專屬的非公開徵才訊息，並且獲得【在年收不減少的狀況下換工作】的大好機會。

展望未來

只要寫出「你希望理想顧客採取的行動」以及「該行動所帶來的結果、顧客可以得到的未來」，就完成了一句廣告詞。

③「為什麼↓展望未來」型

最後這一類型的廣告詞，適合已經有點實績的人使用。利用「為什麼」，可以引起理想顧客的高度關注。

殘酷現實　該做的事

為什麼【沒有技能和經驗的40幾歲上班族】，只花了【5分鐘註冊會員】，就可以【在年收入不減少的狀況下換工作】？

展望未來

寫出「當下面臨的困境」和「解決問題的做法」以及「光明的未來」等三點，就完成了一句廣告詞。以「為什麼」提問，列出這三點，顧客就會好奇「到底藏著什麼葫蘆」。

照這些方法構思廣告詞，就能讓顧客注意你的商品，有效傳達資訊。

當顧客受到廣告詞的吸引，就會閱讀商品的文案本文。商品說明文和廣告詞一樣，有很多種寫法。在這裡我要介紹初學者也能立刻上手的最簡單寫法。透過回答下列問題，就能寫出能抓住顧客目光的商品文案。

問題1　商品對理想顧客有什麼好處？

問題2　為什麼可以帶來好處？為什麼這會是好處？證據是什麼？

問題3　你與你的商品具備什麼競爭優勢？

問題4　你與你的商品有什麼特色？

已經在技能分享網站等平台張貼商品說明文的人，請檢查該篇說明文中是否包含了上述的問題。

請多檢查、修改幾次，搭配廣告詞寫出讓顧客感興趣的文案。

我要在這裡介紹一個例子。

白石（化名）基於興趣開始研究廣告聯播，他想要利用相關知識，在部落格開設教室（部落格諮詢）創業。然而，在副業當道的現在，坊間已經有很多這類的補習班。白石只好想辦法找出自己的優勢，讓顧客選擇自己。

他詢問周遭朋友的意見、看新聞掌握社會趨勢後，發現單親媽媽對於副業有很大的企圖心。有些單親媽媽表示「在工作、育兒、家事多頭燒的狀況中，希望能利用閒暇時間多少賺點錢。但晚上可以在家裡做的副業，只有傳銷或低收入的問卷調查等，不怎麼樣的工作」。

白石基於自己過去投放廣告聯播的經驗，知道只要方法正確，每個月可以進帳3萬日圓～5萬日圓。想要賺更多，就要付出更多心血。不過，他也知道單親媽媽的野心並沒有那麼大。

因此，他在網站上發布了這樣的訊息。

即使是忙碌的單親媽媽，只要【有空寫寫自己的興趣】就能賺錢。增加與孩子相處的時間，【利用部落格在家工作，增加收入，完全零風險】。

行動

展望未來

他貼出這樣的消息後，連續幾場講座立刻爆滿。**他的訊息之所以能如此淺顯易懂，是因為他鎖定了理想顧客，並點出顧客的煩惱和問題點。**

⑤再想一想，邊上班邊創業，你撐得下去嗎？

在這一章節，請你回顧一下目前所構思出來的事業。

你籌備好前端商品、後端商品，也知道要發布什麼訊息刺激買氣，然而你還能邊上班邊創業嗎？如果辭掉工作、專心創業，有助於提升業績的話，那麼現階段業績少也沒關係。然而，如果你的後端商品必須不斷地拜訪企業才能賣出去，那麼若你連休假都沒了，事業也可能就這樣玩完了，風險相當高。

在這一階段，請你檢視下列幾點。

要點1

首先，請確認「你的事業是否能暫時以副業的方式發展下去？」

不只是情緒問題，若外在條件令你很難撐下去，就表示有地方出問題，你必須進行修正。

- 花費太多。
- 必須借貸大筆金額。
- 花太多時間。
- 必須在公司從事副業。
- 必須牽涉到很多人。

若你有上述這些感覺，你就應該思考如何讓事業走得長久，並改善問題。例如，通常顧問必須配合對方的時間，但若改成舉辦講座，就變成聽眾配合講座的時間。有些工作交給專家去執行，比親自動手更省時且品質更佳。**找到心力與金錢的平衡點，建立一個讓副業可以永續發展的機制**，就能在低風險中準備創業。

要點2　市場有需求嗎？

雖然你已經確認過好幾遍，不過若市場反應冷淡，**那就請再次確認市場是否真的有這樣的需求**。你只是把自己想做的事列出來，完全沒料到「市場會完全沒反應」吧？周邊有某種需求，而你透過做自己喜歡的事、擅長的事、想做的事、讓自己開心的事來滿足旁人的需求。這是事業的基本機制。

我本身已經提供旅居海外的日本人各類資訊超過二十年，而促使我從事這項工作的，不過是居住在國外的朋友跟我說「想要知道日本的就業活動資訊」，或問我「東京哪一區的居住環境比較舒適？」。剛開始我只是大略寫在信中告訴他們，但他們表示「希望多了解一點」、「朋友的朋友也想知道更多訊息」，我感受到他們強烈的需求，因此開始在網站上提供各種資訊。後來，我開始獲得贊助，建立起事業的雛形。

要點3　是否已經籌備好調性一致的前端商品和後端商品？

首先，「前端商品」是用來吸引客人的低價或免費商品。「後端商品」則是讓你充分獲利的商品。若這兩個商品調性不一致，很可能會發生前端商品吸引了人潮，但後端商品卻滯銷的狀況。

你想賣高級酸梅，試吃時卻提供蛋糕，就算吸引了人潮，還是無法把酸梅賣出去吧。**利用前端商品吸引對後端商品感興趣的人潮**非常重要。

並且，你也要仔細辨識被前端商品吸引過來的人。有些人對後端商品感興趣，但卻不打算掏錢買、有些人會被吸引，只是看中前端商品價格便宜。也就是說，如果你發現有些人只是想利用試吃品填飽肚子的話，就要特別留意。當然，我們無法控制所有的狀況，但透過修改告示、明確標示目標客群等，就能改變客層。

要點4　你是否建立起不受自身動力影響的機制？

準備創業可能只要花半年，但要讓事業上軌道通常至少需要一年，甚至兩、三年。由於你是邊上班邊創業，一定會遭遇許多波折，例如因為公事忙碌或在公司發生不愉快的事，而導致創業速度遲緩。

人若遇到不順的事，基本上會啟動「生命維持裝置」，不再接觸新事物、放棄挑戰，回到舒適圈。創業也是如此。雖然有大半數的人連一步都沒跨出，但也有很多已經跨出第一步的人遇到挫折就放棄一切，乖乖認命做回上班族。每個人有自己的人生。無論是創業或學才藝，都有一定比例的人會選擇半途而廢，因此我也不多置喙。

但我想建議大家，「**趁現在狀態極佳的時候，盡快建立起能挺過風浪的機制！**」。在困境中開一家店並不容易，但若你已經開店了，不妨讓自己喘口氣，在休息期間把工作交給工讀生，根本不必放棄一切。只要有客人願意等你，你就能隨時東山再起。

一點小事也可能使我們因情緒起伏而導致創業停擺，拖延進度。就像你就算心情差也要上班一樣，**切割情緒與經營管理**，讓店可以不受老闆情緒影響天天正常營業非常重要。

聽我這麼一說，你或許會急著「趕快動手」。不過，不要看得那麼嚴肅。

心情好的時候，可以構思商品、心情低落的時候，可以整理收據，像這樣把工作分開做，緩緩前進吧。你應該避免因為「什麼都沒做」而認為「今天的自己也很失敗」，產生自我嫌惡感。

要點5　你有同業沒有的競爭優勢嗎？

我們經常說「模仿是一切學習的開始」。就像本書耳提面命的，開創事業也是如此。我們藉由模仿、被模仿而不斷成長。然而，自己費盡心力做出來的獨創商品，如果馬上就被別人仿製，任誰都無法心平氣和繼續工作。

為了避免這樣的情況發生，**也要注意自己的商品是否具備別人模仿不來的個性**（也別忘了註冊商標，保護智慧財產權）。在創業的過程中，每一項小特色最後都會組成商品獨一無二的個性。並且，也有顧客會基於個人因素，習慣使用相同的商品或服務。因此你的商品一定要具備獨特的個性。

例如，我經常租借的會議室，費用比其他會議室貴。不過，那裡的裝潢不比其他地方高級，業者也沒有因為我是常客而提供優惠。然而，由於「離車站近」、「附近的其他業者沒有大小間的會議室可以選擇」、「週日也有營業」等，因此我習慣租借那裡的會議室。為了分散風險，我也經常在找其他會議室，但一直都找不到適合的。我想這就是該業者的競爭優勢。

就像這樣，請多製造讓顧客選擇自己的理由。

要點6 有沒有可以外包的作業？

在這一部分，請分解你的事業或業務流程，畫出組織圖和流程圖。首先是組織圖。請寫出推動事業所需的部門和主管。

寫好之後，請接著列出各部門的業務（參考下一頁）。

太詳盡會寫得沒完沒了，因此只要大略列出來即可。把所有部門的業務都列出來，讓業務人員和秘書的工作「視覺化」。

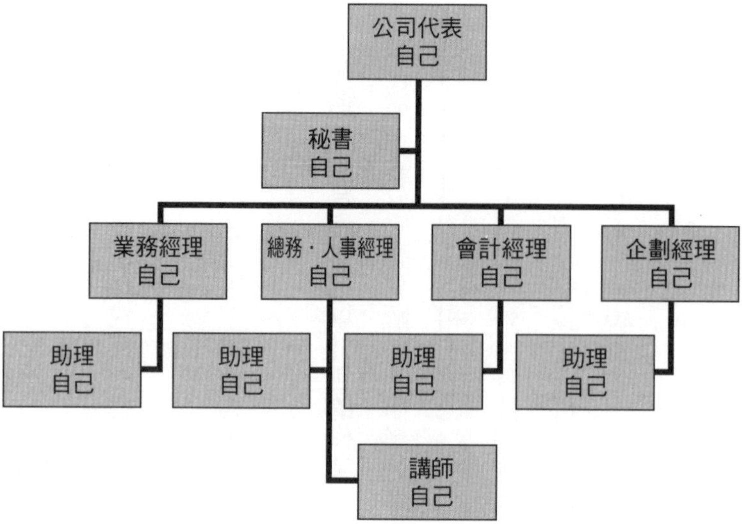

〈例1〉

每日業務

現金管理（現金入出帳、存款帳戶入出帳確認）

收據整理（將用途寫在收據背面，收在固定的夾鏈袋）

整理包裹（將帳單整理在資料夾中）

每月業務

①收取憑證（帳單、收據、發票等）

②將資料輸入會計軟體、確認匯入款項（包括取得銀行和信用卡資料）

③付款

④寄出帳單

⑤製作資料（損益表、借貸對照表、現金流量表等）

接下來，記下每一項業務所需的時間。

每月業務

①收取憑證（10分）

②將資料輸入會計軟體、確認匯入款項（3小時）

③付款（30分）

④寄出帳單（30分）

⑤製作資料（30分）

抓出大略的時間即可。「順手的話，大概花這些時間」、「總額有誤的話，要花1天找出錯誤」，用這樣的感覺去抓時間。

依照這個方式讓組織和業務「視覺化」，**就能知道哪些工作適合外包**。若某項工作因為你不樂意做或不擅長而導致生產力低落，請把這些部分交給專家去做。

將工作外包時，請先從**「外包化」**做起。也就是說，先將作業流程的一部分外包出去。以前面的例子來講，②和⑤的部分可以外包給稅務事務所。等公司規模變大之後，也可以使家人成為公司的員工，讓先生或妻子擔任會計經理，把裁量權交給他們，這也是一種**「外包化」**（※嚴格來講，這個例子還是把工作留在公司內部，因此不能稱作外包化，不過由於是讓自己與工作完全切割，所以我才會稱之為外包化）。

以我個人來講，我一開始是將業務助理的工作外包。從電話秘書代接服務到行政庶務代辦，到現在連講座會場預約和讀書會場地的籌備等我不擅長的細碎工作，通通都外包了。接著，我與稅務師簽訂合約，將相關工作外包。我不必每個月花時間結算，就能掌握公司的各種數據，樂得輕鬆。創業18論壇的講師群，也是提供我專業協助的外包團隊。核心成員都是協助我超過十年的重要夥伴。

其實，前一陣子有一位負責部分課程約兩年的講師突然辭職，造成我很大的困擾。

雖然由我代為講課，順利上完了課程，但我也深感講師這種核心業務，由於很難找到替代人選，所以必須先做好最壞的打算，擬好因應對策。同時，我也非常感謝跟我一起打拚超過十年的成員。儘管我是單獨創業，但我也深刻感受到夥伴的重要性。這件事讓我產生了這樣的體悟。

所以，你的事業有可以外包的作業嗎？不必現在就急著外包，**把你認為未來有需要外包的工作寫下來即可**。先製作好簡單的操作手冊、業務流程圖等，等到有需要的時候，就可以派上用場。

並且，「把公司完全交給別人經營，自己在夏威夷快活」，這是很多人夢想中的大老闆生活，但是只要你選擇了創業，讓事業達到這種水準並不容易，也必須付出相當的時間。在現在這個階段，請先把身邊的業務，慢慢外包出去。

要點7　有賺頭嗎？

盡早累積顧客，可以讓你更能享受創業的樂趣。有了顧客，就不會失去動力，也可以避免受情緒影響而放棄一切。也就是說，建立能夠讓你盡快賺進一塊錢的機制很重要。不過，如果永遠都在賺小錢，是無法成功創業的。

利用副業賺零用錢與從事副業準備創業，其中最大的差異在於**有沒有後端商品**。當然，還是有例外。擁有營養師證照的中村（化名），開設營養師小型講座後，每一場都有30人以上的聽眾，每人費用5000日圓，並且每個月固定開設三～四場講座。他在籌備前端商品和後端商品之前，就已經成功創業。

然而，由於幾乎沒有人可以像中村一樣順遂，所以必須販售後端商品來賺取利潤。若你因為還在上班，礙於時間因素而無法提供後端商品的話，那麼專注在前端商品即可。或者，你也可以採代理商的商業模式，等後端商品熱賣之後，把介紹商品給代理商，交由他們販售（委託）。

無論如何，請想一想你賺到的錢足以支撐生活？即使現在賺不到那麼多，但若你辭去工作、花更多時間經營副業，利潤是否會增加？

①「吸引力」真的好處多多！

我在前面說過，要和「水準相當的人」、「志同道合的人」以及「不一味否定你、願意支持你的人」來往，並且與「勸退你的人」、「愛說教的人」以及「只出一張嘴」的人保持距離。為了防止自己情緒低落、保持正面，避免受別人影響非常重要。

如果你增加了對自己有正面影響的人脈，請將這條人脈更新至25分的「人脈」第④部分（第81頁）的表格中。然而，你目前這樣的人脈或許還很少吧。你應該感覺得到自己缺乏「人的力量」吧（※已經擁有很多人脈的人，或許比較適合立刻賣掉這本書，馬上創業）。

我想有很多人有這樣的感覺，當人長大以後，越不容易認識朋友。就我個人來講，由於我是很怕生的人，所以鮮少與人碰面，若非我有創業，否則應該真的會變得形單影隻。正因為我創業，開始出書並在網路上發布資訊，得到一些人的共鳴，與前來參加講座和面談的人建立關係，才有今天的我。

那麼，在75分的「人脈」力量中，主題便是**「建立對自己帶來正面影響的人脈」**。所以，沒時間沒錢的上班族，該怎麼做才能建立這樣的人脈？

我在50分「資金」第②部分（第156頁）中介紹「活錢」的時候也說過，建立人際關係一定會花到錢，不過，其實有一個方法可以把這部分的費用降到最少。這個方法就是**「吸引力」**。吸引力不不是指邀約別人去聽自我啟發的講座。與其自己花錢到處結交人脈，不如「自己主動發布資訊，吸引與自己有共鳴的人，才能更快建立人脈」。

雖然這些人當中，也會有想要利用你的人或想要推銷產品的人，不過，大部分都是與你有共同的價值觀、想法，並且認同你，希望認識你的人。你一定也可以從中發現理想顧客或未來的事業夥伴。

想要吸引別人，你就要成為**付出的一方**。人會聚集到可以滿足自己需求的人身邊，而不是追著自己要東西的人。

② 與有影響力的人聯手（顧客篇）

你聽過**影響者**（Influencer）這個字嗎？根據維基百科的解釋，影響者是指「採取重要行動，對社會帶來重大影響的人」。你身邊有沒有這樣的人？公司裡，有些人的影響力與老闆相當、有愛八卦的人、消息靈通的人。家裡附近健身房的朋友和媽媽團的朋友中，也有人莫名就是具備影響力。就某種意義而言，他們也是影響者。與他們敵對對自己沒好處，但若能建立起交情，他們也會變成你的靠山。

開創小型事業時，絕對不能忽視這些影響者的存在。單靠自己發布資訊，資訊散播的範圍有限，而且我們也無法砸重金在廣告費上。既然如此，**我們就只能靠人與人之間口耳相傳，以及在SNS上散播資訊**。這種時候，影響者會是很有力的靠山。

如果你有客人在SNS上很活躍、追蹤人數很多，請一定要請他們替自己的產品寫感想。而你可以透過轉發這篇文章表達自己的感謝，並讓發文分享出去。若顧客具備一定的宣傳能力，免費提供體驗服務，比自賣自誇效果來得更好。

口碑也是一樣。若想增強口碑的效果，就要建立起對**口碑接收者也有利的機制**，這麼一來，就能與口碑傳播者和接收者建立起良好的關係（※傳銷通常無論是朋友或陌生人，都只會用「對使用者有好處」的話術來吸引顧客，一般人聞之卻步。）

開設瑜珈教室的山中（化名）是我以前的顧客。他很擅長利用臉書，靠著不斷散播資訊，半年不到就吸引了超過200名的學生。他讓追蹤人數多的朋友實際體驗瑜珈課程，他們給予「好」評價的課程，別人看了也會覺得「好像不錯」。**獲得第三者的認證（信用力），提升宣傳能力**。與影響者建立關係，可以大幅增加宣傳能力。

③與有影響力的人聯手（相關人士篇）

創業後，除了顧客之外，你會發現身邊存在著很多其他的影響者。例如，**擁有社群的人**、**公司經營者**、**活動主辦人**、**作者**、**部落客**等。有沒有方法可以接近這些人？

我的後輩中山（化名）現在是一家大型公司的傑出經營者，而他的事業是從小型讀書會講座開始萌芽。他以手寫方式寫下感想，並寄給知名的書籍作者或新聞主播之類的名人，告訴他們「雖然我只能付3萬日圓，但我可以讓會場座無虛席，希望你能讓我為你舉辦演講」，成功說服好幾位名人擔任演講人。並且，他利用過去的聽眾名單，讓200名年輕人參加了自己的演講。

和影響者建立關係並不容易，但最重要的是**做令影響者開心的事**。我最開心的是書賣得好，以及看到讀者寫下感想，說說他們從書中學到了什麼。中山持之以恆地實踐這個守則，與許多影響者建立關係，最後自己也成為了影響者。

「這麼苦幹太累了。」

或許有人會這樣想。但是，中山的做法並不是唯一的方法。我的影響力沒有大到跟影響者一樣，不過若有參加創業18論壇講座等活動的人寫email感謝我，或者在IG上看到我的書籍照片或主題標籤，我都會樂不可支。人只要獲得肯定，都會非常開心。在現在這個時代，要拉近人與人之間的距離，並不像過去那麼難。透過推特，在貼文中標記影響者的ID等，有很多種方法可以讓你與影響者產生連結。

〈標籤〉75分的「人脈」力量是靠吸引來的

④製造一個能真實產生連結的場域

選擇從事網路事業和商品販售的人，透過講座、工作坊、活動、面談等，增加**「認識他人的機會」**，也能建立正能量的人脈。假設你是活動主辦人，還可以過濾傳銷或照自己的想法設計會場。並且，最重要的一點是，正向的人脈會讓你更快樂更有朝氣。

尤其是以知識作為後端商品的人，在網路上銷售高價服務並不是一件易事。例如，從事顧問行業的人，可以舉辦講座來說明商品，消除顧客的擔憂、取得信賴，然後提供免費的面談服務介紹後端商品，**做好實在的前端商品服務**。

並且，真實世界的關係，會讓**人脈環環相扣**。因為實際上碰過面的人，彼此之間的信賴度會提升，所以也有更高的機率會互相介紹人脈。

⑤為自己再找一個老師

我在25分的「人脈」第⑤點（第84頁）說到，**「你要有一個在心理上支持你的人」**。現在，在你思考商品和實務並採取行動後，你身邊或許已經出現了**其他的心靈導師**。創業需要學習經營、行銷、業界的傳統知識等，各領域存在著專家和專業人士。以這些人為下一階段的目標、仔細檢查自己的發文內容，讓自己更上一層樓。

你務必要注意的是，告訴你「有任何煩惱都可以來聊聊。我會成為你的心靈導師」，強迫你簽約的**「心靈輔導行業」**、**「假心靈導師」**。有很多人由於缺乏宣傳、吸引顧客的能力，因此在別人的社群中狩獵。心靈導師是指人格、言行、實績值得學習的對象。而不是沒有實力和實績、只會推銷並要你付錢的人。

給你精神支持的人、願意聽你傾訴的人、你的競爭對手、你的後輩，**都是你的心靈導師**。真心希望你成功、替你開心、與你切磋的人，對於開始創業、踏出「冒險之旅」的你而言，極為重要。

你的心靈導師，收到什麼禮物最開心？他們最想看到你發光發熱、微笑、繼承他們的思想並展現自己的意志。你的努力就是給替你加油的人最好的回報。

75分的「資金」力量來自「適當的定價」

①訂價即經營

你聽過「訂價即經營」這句話嗎？這句話出京瓷創辦人稻盛和夫。

基於正確判斷產品價值的前提，尋求一個商品的利潤與銷售數量乘積為最大值的某一點，據此訂價。而這一點必須是顧客樂意付錢購買的最高價格。

我們必須從經過深思熟慮後所訂下的價格之內，努力獲取最大利潤。因此，我們必須捨去固有觀念和常識，例如原物料費、人事費等各類經費必須花多少等。我們必須在滿足規格、品質等客戶的所有要求下，徹底降低製造成本。

訂價是經營者的職責，體現了經營者的人格。

（摘錄自稻盛和夫官網　稻盛經營12條「第6條　訂價即經營」）

稻盛和夫與經營之神松下幸之助齊名，被稱為新經營之神，他的話有很多值得我們學習的地方。

一個事業成不成功，都是由商品的訂價方式決定。要薄利多銷？還是厚利適銷？前端商品和後端商品要賣多少錢——？**價格戰略儼然就是經營戰略**。

我在50分「人脈」中的第④和第⑤部分（第150、151頁）說過，別人給你價格意見時，只要聽一半就好。上班族創業時，通常會因為缺乏實績或缺證照而沒有自信，導致把價格訂得太低。反之，也有人會因為莫名的自信而訂出難以置信的天價。這兩種人在訂價時都沒有經過深思熟慮，或許他們忘了自己每個月的薪水，都是從顧客所支付的費用中來的。

我過去認識一位想創業的男性，他舉辦銅板價講座，專門指導如何用Excel和Word提升工作效率。只要學生有不懂的地方，他就會延長講座時間或補課，因此學費扣掉場地費和講義費，他永遠都在賠錢。如果他策略性地將這樣的服務當作前端商品，讓學員購買後端商品的話，就不會發生這樣的情況。然而，由於他不知道可以這樣做，因此認為「自己沒有創業的本事，想不出可以賺錢的商品」，並且放棄創業。

就像這樣，**訂價時沒有考慮成本，或者在缺乏策略的狀況下訂定過低的價格，都會導致事業無法永續發展**。

錯誤的訂價會對事業產生持久的影響。將適當的人事費包含在內、算出成本，訂定策略性價格非常重要。

② 成本的計算方式？

在75分的「資金」中，我將談到如何設定適當的價格。為此，首先你要先掌握商品的成本。牽涉到會計專業的話，會讓計算變艱澀、導致你停滯不前，因此不必太精細，只要**掌握大概的金額**就好。

每種商品計算總成本的方式都不一樣。

商品型（製造業）：製造成本（原物料＋勞務費＋其他經費）＋銷售管理費

商品型（無製造）：採購費用（運費、保險、手續費）＋銷售管理費

其他：勞務費＋其他經費＋銷售管理費

總成本的計算大致如上。專業型事業、知識型事業、空間型事業的成本計算方式雖然比較簡單，但如果自己製造、販售商品，則由於原料廢和製造所需的勞務費用變動較大，因此計算方式比較複雜。

然而，你不必像大型製造業者一樣算得很精細，在這個階段，你只要列出實際支出並加總起來即可。

首先，讓我們來看銷售管理費（廣告宣傳費等營運費用和人事費）以外的成本。

〈例〉每堂美姿美儀課程（2小時）的花費

原料費：

無

勞務費：

教練人事費　2小時2萬日圓（不含稅）

其他經費：

教室租金　2小時6000日圓（不含稅）

從家裡出發的來回車費　500日圓

大概像這樣計算就可以，或許還會有通訊費、茶點費等雜費，不過每堂課程的花費粗略抓2萬6000～2萬7000日圓。

有兩點須要注意。首先，**如果常常補課或提供售後服務，也要把這些部分的成本計算進去**。另一點是，**不能因為「自己教課」，所以把勞務費計算為0元**。這麼做會導致之後沒辦法聘請教練。

商品型的事業，以服飾業來講，就需要更精細的計算。大致上的項目如下。

〈例〉服飾的製造與販售

原料費：

布料　依布料的每尺單價、寬度等條件、設計而異。

副資材　依內裡、拉鍊、鈕扣、標籤等附屬品及設計而異

勞務費：

縫製費　依外包、國內外廠商等條件而異

其他經費：

運費　依據數量、次數等條件而異

關稅　依據商品種類、條件而異

保管費　依據將自家當作倉庫或租借倉庫等條件而異

初次生產會花到設計費、打版費、樣品費等商品研發費用，還要花錢註冊商標等。

即使款式相同的衣服，也可能因為每一批所選擇的布料和數量不同，使得製造成本不一樣，因此每一次的生產費用，不一定都跟第一次一樣。因此，最好可以**同時使用標準成本計算與實際成本計算去做判斷**，不過這樣做太累了，所以可以整理初次生產的費用，以此為標準，把成本控制在這個範圍內即可。

③ 銷售管理費比想像中更多

銷售管理費的正式名稱為**「銷售費及一般管理費」**，也稱為銷管費，是指與銷售相關的費用。

主要項目包括人事費、廣告宣傳費、流通費、事務所租金及其他營業活動所需費用，也包括自己的人事費用。

銷售管理費有很多與營業額無關的**固定費用**。雖然日本長期處於通貨緊縮的狀態，但近來有許多東西不斷漲價。一不小心，支出就有可能暴增。因此**請確實總結每個月的花費，避免成本增加**。

④決定商品的售價

價格與購入意願的關係，依每個人當下的狀況而異。例如，拿到業績獎金之後與發薪日前，荷包的鬆緊度一定不一樣。因此，即使你向每個人問「這個東西10萬日圓，你會買嗎？」，也無法得到值得信賴的答案。並且，如果你的問題是「我正在創業，目前這堂課的學費是1000日圓，但之後如果變成5000日圓，你會買嗎？」，由於你只是單純漲價，因此應該很多人都不會想買。

那麼，怎麼樣才能做到稻盛和夫說的「基於正確判斷產品價值的前提，尋求一個商品的利潤與銷售數量乘積為最大值的某一點，據此訂價」？所謂「顧客樂意付錢購買的最高價格」到底是多少錢？這個問題對於**做生意的人，是永遠的課題**。

我們基於各種思維去訂價。主要的思維如下：

- **配合當地的行情。**
- **配合業界、競爭對手的價格。**
- **配合顧客的經濟狀況。**
- **在成本上加成一定的利潤。**

定額制、會員制、線上制等，改變提供商品或服務的方式，就可以創造價格的優勢，各家公司無不絞盡腦汁競爭。無論哪一種方式，唯一正解都是「基於正確判斷產品價值的前提，尋求一個商品的利潤與銷售數量乘積為最大值的某一點，據此訂價」。

我從經驗中發現，**「有工作才能賺錢的商品」**與**「不用工作也能賺錢的商品」**適合不同的價格設定方法。

「有工作才能賺錢的商品」，以商品型來講，包括客製化商品、特殊商品的販售、改造及修繕等，想賺錢就要靠付出時間和來客數。

而「不用工作也能賺錢的商品」包括以下所列的商品。

商品型：販售量產型商品等

專業型：利用外包、把作業交給工具或機器人

知識型：販售影片等

空間型：利用外包、只需仲介和推銷的媒合產業等

會員制事業也包括在內。

我身邊有很多人提供「有工作才能賺錢的商品」，但卻因為價格設定錯誤而吃苦。因此，我總是苦口婆心地向創業18論壇的會員強調「**策略性價格設定**」**的重要性**。

例如，以開設瑜珈課程來講。我們參考其他競爭者的網路價格，把每堂課設定為90分鐘（教室預約兩小時）、學費為1500日圓。每堂學生約7～10人。支付20％的手續費給網站和教室租金後，就會虧錢。到底要收多少學生、上幾堂課，收入才足以維持生活開銷？這樣經營事業，完全賺不到錢。

這種時候我們需要的就是「策略」。例如，我們可以做以下的調整。

- 把這門課當作前端商品。
- 販售後端商品，每個月獲利50萬日圓。
- 假設後端商品的成交率為10％，每個月最好能吸引40名顧客購買前端商品。
- 不從前端商品賺錢。
- 每個月開四堂課（極限）。
- 因此，目標為讓40名顧客購買3250日圓的前端商品。

每個月的課程成本細項

教室租金　2萬4000日圓
人事費用　8萬日圓
網路使用費　2萬6000日圓

緊接著再深入思考「3250日圓賣得出去嗎？」、「每個月可以吸引40人購買嗎？」。若你認為「比市場行情貴兩倍以上的課程不可能有人要上」，那就什麼都不必談了，因此你要做的，是規劃出能夠吸引顧客的課程，即使學費高達3250日圓。這才叫做創業。

接著是如何吸引40名顧客。每個月想要有40名穩定客戶，是一件很難的事。

那麼，你要加開課程？還是控制人事費並調整價格？我們可以從各種角度稍微調整。由於無論怎麼調整，前端商品的利潤還是零，因此你必須向購買前端商品的40名顧客推銷後端商品（個人課程）。

- 每個月獲利50萬日圓。
- 每週開一堂課、一堂課2小時。
- 讓四名顧客購買後端商品（成交率10％）。
- 後端商品的單價為15萬5000日圓。

每個月的課程成本細項
教室租金　2萬4000日圓
人事費用　8萬日圓
其他事項　1萬6000日圓

如果可以提高成交率，就可以減少前端商品的顧客人數。為此，也要隨時檢討前端商品的內容，微幅調整各項數值，讓自己達成目標。

像這樣規劃好前端和後端商品，從目標來推算自己該做的事，取得平衡，就會知道自己的東西要賣多少錢。我建議不要太執著於市場行情。

而「不用工作也能賺錢的商品」在制定價格時，**則可以比較輕鬆看待**。若能找到一個適當的價格當然是最好的，不過由於這樣的商品不必靠時間來賺取利潤，因此就算是薄利多銷，只要持續有人買就沒問題。你可以把時間用來販售其他的商品，或者研發新商品。

有很多方法可以找出適當的價格，例如下列幾種方法。讓理想的顧客或既有顧客體驗過商品後，請詢問顧客以下幾個問題。取樣人數越多越好。

- **多少會開始覺得價格「偏高」？**
- **多少會開始覺得價格「便宜」？**
- **多少會開始覺得價格「太貴，買不下手」？**
- **多少會開始覺得「太便宜，有點恐怖」？**

向多一點人詢問這個幾個問題，就知道什麼價格對消費者而言是**「高CP值」的價格**。價格並非越便宜越好。假設一片生魚片賣10日圓，你也會擔心「不新鮮？」或「肯定有什麼八卦？」吧。反覆調查，才能找出讓顧客覺得划算的最大值。

你可以自己進行這類調查，也可以委託顧問公司以節省自己的時間。我也經常委託顧問公司。

Lactivator　https://lactivator.net/psm_request/

另外，即使找出適當價格，也要隨時注意**降低成本**。就像我前面說過的，銷售管理費用等支出每年都在增加。即使你販售的是量產型商品，但若委託給店家銷售，也可能必須照店家的要求，以售價六成的批發價賣給零售業者，並不一定可以用適當價格賣出。持續獲利才是創業者生存的不二法則。

⑤如何提升商品價值？

我在前面的例子說到，「規劃一門可以吸引顧客的3250日圓課程才叫做創業」。雖然這樣講有點嚴格，但如果沒做到這點，就無法達成目標，因此我希望你可以和我一起思考。不要輕言放棄！

有很多方法可以提高商品價值。儘管很多顧問公司在網路上宣傳獨自的理論，但或許是為了符合Google的搜尋引擎演算法，因此大多長篇大論，很難消化。因此，我簡單把提高商品價值的方法歸類成下列兩種：

①提高商品本身的價值。

②包裝商品。

我在75分的「知識」力量（第181頁）中介紹了很多方法。在這裡，我要針對簡單的重點重新說明一遍。

❑ 提升商品本身的價值

例如，以前面提到的瑜珈課程來講，如何才能提高前端商品的價值？

雖然我們可以延長課程時間、增加場次、多聘請幾位瑜珈老師、租更高級的瑜珈教室等，但最好避免增加費用。

因此，你可以重新尋找顧客的需求，想一想是否能提供新商品或服務？例如構想其他有價值的內容，以套裝方案的方式推出課程。

從上班族時期就開始從事瑜珈教學副業、目前事業規模擴展至全國的山中，在創業當時花了很多心血提高商品的附加價值。他將課程場地移至山上、擴展服務範圍，到照護機構開課、指導身障者，除了身體，也增加了滋養心靈的課程等，透過創意和行動力提高商品價值，持續抓住顧客的心，把事業推向成功。

了解顧客，點子就會源源不絕而來。若你不知道該怎麼做，請想想如何做才能讓顧客展開笑顏。

❑ 包裝商品

我在75分「知識」的第③和第④部分（第193、196頁）說過要了解自己的競爭優勢，並用廣告台詞宣傳這一點。我提過三種類型的廣告標語，在這裡我要再介紹另外三種簡單的類型。請一定要用在你的商品上。

①僅此一檔、一年一次等，主打稀少性

以前述山中的例子來講，就是每年只開一次課程等，營造限定感，吸引顧客的注意。

②加入流行元素

例如，好萊塢瑜珈（Hollywood yoga）、YOGA RAVE、空中瑜珈等，瑜珈界也有各種不同的風格和潮流。只要跟上最新的趨勢，就能讓商品更吸睛。

③展現小奢華感

加入芳療淋巴按摩或在課後供應飯店午餐等，或許也更能展現課程的健康取向。

第5章

第六個月前要做完的事：提升銷售能力和信用度

❑ 怎麼做才能賺夠，讓你可以離職？

到了第5章，終於要開始解說100分的「知識」、「人脈」、「資金」了。到這個階段，很重要的一點是將利潤從「副業上班族的水準」提升到**「創業水準」**，讓你可以辭職、創業，自由生活。讓你可以辭職的「創業家水準」指的是擁有穩定的營業額（集客）和充足的利潤。

想要獲得100分的「知識」、「人脈」、「資金」力量，不須要做一些標新立異的事。只要擴大知識的規模，加快速度即可。

想要擁有充足的利益，必須有穩定的營業額。未來，你必須貫徹下列三點，才能提升營業額。第一、**強化在SNS等平台的網路宣傳能力**，建立穩定的集客基礎。第二、**積極推動**75分「知識」所介紹**「外包化」**。最後，**找到一個比自己強的事業夥伴，擴大事業規模和加重自己的責任**。

若你能實踐這三點，就可以朝創業勇往直前。你也會比以前更兢兢業業。下定決心之後，也可以去申請營利事業登記。

❑ 找出適合你的集客方法

想建構穩定的集客基礎，一定要強化資訊推廣。網路的訊息發布方法和平台有很多，包括APP、網站、部落格、SNS、影片等，要使用哪一種的決定權在你手上。最重要的是能夠不間斷地發布資訊，依照自己的個性和行為模式選擇適合的方法，持之以恆。

話說回來，我也針對「不知道該利用哪種方式」的人，準備了下列的診斷測驗。你應該採取什麼方式發布訊息和吸引客人？請在「符合你的特質」的敘述□中打勾。哪個部分勾選最多，你就屬於那個類型。

你是哪種類型？測測看就知道

〈類型1〉

☐喜歡成為眾人的焦點。

☐常常有人誇你是美女、帥哥、才華洋溢。

☐有人說你口才很好。

〈類型2〉

☐喜歡動手做東西。

☐有人誇獎你很會整理東西（做事有系統、製作工作手冊等）。

☐會把一件事做到最好。

〈類型3〉

☐喜歡和人聊天。

☐交際廣闊。

☐個性開朗。

〈類型4〉

☐擅長寫廣告文案。

☐擅長分析資料。

〈類型5〉

☐只做自己喜歡的事。

☐有人說你很有個性。

☐不喜歡跟旁人打交道。

我屬於××類型。

那麼，你適合用哪種方式發布資訊、吸引客人？

〈類型1〉

把自己當成商品的類型。

你適合透過網路和現實世界吸引客人。若你的公司允許員工從事副業，那就積極地推銷自己吧。或者你也換到可以從事副業的公司。你可以主辦講座、交流會，介紹自己的商品。在網路上，影片宣傳會比文章更適合你。

〈類型2〉

創作者、職人類型。

由於你可以製作商品，所以剛開始速度很快，但若太講求完美，則很容易因為執著於

「創業前必須先取得證照」而繞遠路。可以將業務和行銷的工作，交給相關業者和創業夥伴，提高營業額。

〈類型3〉

可以吸引群眾或有人會幫你介紹顧客的類型。

由於你擅長溝通，所以很適合經營社群。身邊的前輩、後輩都會幫助你，因此只要你珍惜人與人之間的緣分，吸引顧客對你而言根本不是一件難事。別忘了「人喜歡往快樂的地方去」，好好運用你的優勢吧。

〈類型4〉

行銷能力很強的類型。

如果你可以運用這項才能，幫助事業主吸引顧客，以此為副業就能讓你賺進大筆財富。即使你只從事網路行銷，也能締造佳績，因此好好宣傳成功案例，就能展開低成本、高收益的事業。

〈類型5〉

擁有自己獨特的世界觀。

你擁有藝術家的性格。不過，通常這樣的人不擅於自我行銷和品牌建立，因此單獨創業會感到不安。如果身邊有家人或朋友協助你處理管理或思考策略，就讓他們幫你吧。

❑ 哪種集客工具最好？

看完下一頁的問題後，請在□內勾選作答。勾選最多的部分，就是適合你的集客工具。

我將使用××進行行銷。

【你覺得自己比較喜歡使用哪一項工具發布訊息？（可複選）】

☐網站
☐部落格
☐臉書
☐推特
☐IG
☐note
☐YouTube
☐抖音
☐LINE
☐電子報
☐搜尋引擎關鍵字行銷
☐媒體行銷
☐其他（各種資訊發布APP、Voicy等）
☐都不想用（排斥感）

【你覺得你可以或你願意嘗試下列哪一種真實世界中的活動？（可複選）】

☐電話行銷
☐DM、宣傳單、傳真行銷
☐上門推銷
☐主辦活動、交流活動
☐舉辦講座、讀書會
☐利用口碑行銷獲得顧客
☐與網紅合作
☐出版
☐接受媒體採訪
☐其他
☐都不想用（排斥感）

❑ 一百分的信用度，帶來最大的成交率

到目前為止，我已經提到好幾次信用度。你的個性、實績、權威人士的認證，以及其他人給你的評價、評論等都會影響你的信用。

大致可分為二個層面去建立100分的信用。第一是**獲得市場的信賴**。第二是**獲得顧客和事業夥伴的信賴**。

透過媒體即可達成第一點「獲得市場最大的信賴」。請多多利用媒體。參與電視節目演出、接受新聞或雜誌報導，讓自己在媒體上曝光，就能大幅提升你的信用。只要曾經接受過媒體採訪，就在SNS或部落格上不斷宣傳這個事實。

商業出版也是提升信用的方法之一。對於販售無形資訊的人而言，成為「架上書籍的作者」，等於是拿到的「最強的武器」。

那麼，哪些活動可以讓你躍上媒體版面？

我認為第一步是**「持續在部落格中發布專業知識」**。

其實，我之所以有機會出版第一本書《早晚30分鐘做自己喜歡的事，讓你成功創業》（朝晚30分 好きなことで起業する，大和書房出版），是因為出版社的編輯恰巧在搜尋引擎上看到我的部落格。我的第二本書，也是托部落格的福。出了第一本書之後機會便源源不斷，除了第一家合作的出版社邀請我再出一本之外，也有台灣、韓國的出版社請我授權讓他們翻譯我的作品，或者有人看到我出書而介紹顧客給我等。

雖然在SNS上行銷，不僅比寫部落格簡單，也更能迅速獲得市場反響，但是我很慶幸自己沒有放棄寫部落格。正因為我在網路上累積了不少資訊，所以才能吸引編輯的目光。

除此之外，也有其他方法可以讓媒體報導自己的資訊。一般的做法是**準備具有新聞價值的內容，發送新聞稿**。有心行銷的人，請積極使用媒體。

〈新聞稿發布網站〉

RPress https://www.atpress.ne.jp/service/

但你一定要謹記一點。那就是媒體**「並沒有好心到想幫你宣傳商品」**。媒體之所以願意報導，都是為了自己的讀者、觀眾、贊助商，最終的目的則是讓公司賺錢。如果你可以讓報導更有看頭、登上熱門話題、降低成本，讓媒體受益的話，你就可以成為他們採訪的對象。

第二點「獲得顧客和事業夥伴的信賴」，與獲得市場的信賴一樣重要。**一旦你辭職，社會信用就會無條件歸零**。無論你的工作再棒，銀行都可能拒發信用卡給你或開戶。儘管想要恢復社會信用，只能將事業法人化、賺錢繳稅、累積信用，但在那之前若不能先獲得顧客和事業夥伴的信賴，就什麼都不必談了。

獲得顧客和事業夥伴信用最簡單的方法就是**「盡早付款」**。反過來講，若經常「未付款」、「因戶頭餘額不足或逾期未繳等，沒有在期限內繳納信用卡」等，就會讓你立刻失去信用。我只能說，**不懂得管錢的人，不適合自己當老闆**。

剛創業的時候，由於個人事業信評不足，因此通常需要預先付款，或一～三個月後才能收到貨物的款項。一不注意，就可能發生戶頭餘額不足或未付款的狀況。

除此之外，還有其他方法可以提高社會信用。最具代表性的方法就是**成立法人**（讓個人事業法人化）。雖然申請手續和聘請稅務師會增加支出，但是成立法人也具有許多好處，例如節稅和獲得「信用」，讓你更好通過銀行的貸款核定等。

若你的所得超過４００萬日圓或年營業額超過１０００萬日圓（成為消費稅的課稅企業者），即可考慮將事業法人化。

終於進入將「知識」、「人脈」、「資金」提升至100分的階段了。還差一步就達成目標了，請繼續加油。

① SNS從「養帳號」開始做起

在100分的階段中，最重要的就是建立能夠讓你賺到足夠利潤的機制。首先，你必須擴增營業額，為此你須要強化自己的宣傳能力。由於你也會需要更多時間，因此請積極讓業務外包化。並且，如果你能找到事業夥伴，事業和責任感也會隨之變大，讓你更認真看待創業，充滿幹勁。

在100分的「知識」中，我要針對最重要的**「強化宣傳能力」**部分，再做補充說明。

雖然說是「強化宣傳能力」，但並不是隨便發布任何訊息都可以。若你是利用SNS，那麼就像我在75分的「知識」所說的，首要之務是**「養帳號」**。若沒有追蹤者，那麼你發再多文章都是枉然。

這裡我整理出資訊發布的摘要：

- **選擇適合理想顧客的ＳＮＳ等發布平台（※影音將成為主流）。**
- **養帳號。**
- **養帳號時候，要多發布與自己相關的訊息，以及解決問題的專業知識，建立良好的第零印象。**
- **獲得顧客信賴後，展現商品的競爭優勢，讓顧客對前端商品感興趣。**
- **構想廣告標語。**

在這些重點中，讓最多人苦惱的就是「養帳號」。很多人沒有在養帳號的前提下思考「發文內容？」，短短一則訊息就耗費不少時間和精神，因此很容易令人半途而廢。即使選對了媒體，**也必須花一定的時間**，才能讓訊息觸及理想顧客。請抱持這樣的覺悟，將重點放在養帳號上，學習如何發文。

接下來要說明的是「發文內容」，這部分也有很多人做錯。最常見的錯誤是心急地推出商品。在帳號尚未養好、尚未以專家身分（發布者）獲得信賴的狀態下，發再多文章觀眾都會很冷感。**更可能因此被解除追蹤或封鎖**。追蹤者增加，也表示「把你當作資訊來源的人變多了」。發文並不是「宣傳」。

不過，如果用字遣詞太生硬，會顯得沒有人情味。最好偶爾可以發布一些**有溫度的內容**。在SNS上追蹤你的人，大多都是喜歡你的人和被你的真性情吸引的人。發文時，不妨寫寫以下這些內容。

- 你的感受、使命感？
- 你對工作的熱忱？
- 你在看的書？
- 你常去哪些餐廳吃飯？

- 你的朋友是怎麼樣的人？
- 休假的家庭生活？

偶爾發一些這類的訊息，就能更加展現自己的魅力，讓你的動態時報更有趣。我想也會有很多人與你產生共鳴。

野村（化名）是午餐會的主辦人，透過午餐會讓30～49歲的上班族有共同學習和交流的地方，他經常在臉書上分享午餐會的照片。他的發文以照片為主，而且每個月都會發文兩～三次。

野村發布的每一張照片，都展現出參加者笑容滿面、有品味、開心的模樣。因此，他有很多發文被轉發、標籤，使得資訊迅速擴散。野村透過臉書獲得大量的工作邀約，例如一般企業和地方政府都邀請他一起合作。

他的事業恰恰符合了「希望與別人分享喜悅」、「希望讓自己看起來更好」等ＳＮＳ使用者的需求。

②如何養成發文的習慣

不擅長發文的人，一聽到「要養成發文的習慣」，就會一個頭兩個大。有些人是因為不擅長寫文章、有些是不知道要寫什麼，也有不少人三分鐘熱度，無法持之以恆。

高手們分享各種養成發文習慣的方法，例如「每天在固定時間發文」、「多想一些發文主題」等。但發文並不是我們的天性。我們會每天刷牙、洗澡洗頭髮，是因為做了這些事之後全身舒暢，不做會不舒服。做這些事的時候，我們心裡產生了**「快樂的追求」**和**「逃避痛苦」**的反應。

那麼，該怎麼做才可以讓發文與「快樂的追求」和「逃避痛苦」產生連結？

創業後，若無法讓眾人知道自己和商品的存在，事業就做不成了。因此，無論是哪一種方法，發文的出發點一定是「逃避痛苦」。

而若你是邊上班邊準備創業，由於不會影響到生計，所以還可以挑自己喜歡的做。因此，如果內心無法讓發文與「追求快樂」產生連結，就難以持之以恆。

發文後，最開心的不外乎是得到「讚！」等，獲得別人的即時反應。如果你已經習慣別人按讚，那接下來就必須看到別人留言才會開心。習慣別人留言之後，你就會覺得「發再多文，只要商品賣不出去，就沒有意義」，逐漸對追蹤者的回應沒感覺。

一旦如此，就代表機會來了。你會為了想脫離賣不掉商品的痛苦，轉而想「應該加強曝光，把商品賣出去」。就算是一開始想「低調」的人，**也會被「發文太低調的話，沒有人會注意到」的現實打醒**。

有了這樣的心境轉變，最後要做的就是**調整環境**了。在手機和平板電腦上安裝APP，隨時把想法記下來，打造讓自己可以持續發文的環境。抱著每天寫一件事的心情寫，不必有太沉重的義務感。當觀眾的反應越來越熱烈、商品賣出去等，具體看到成果後，發文就會變成一種「快樂」。

也就是說，養成發文習慣的方法是**獲得「立即的反響」。你平時若能對別人的發文及時反應**，就也能獲得別人即時的反響。

把「知識」提高至100分，創業吧！

③ 成為拍照狂人

有些人就是寫不出文章。這種人適合用**照片和影片來進攻**。手機的相機功能對於小型事業的老闆而言，真的是很方便的工具。手機照片可以作為記錄、發文題材等，用途相當多。用相機記錄一切，發文時附上照片和影片即可，可以省去不少程序。

商品具備**「畫面張力」**的人，**透過照片和影音發布資訊會比較占優勢**。這裡所說的「畫面張力」是指「用看的就能感受到聲音和溫度的視覺力量」。拍攝漂亮華麗的物品、巨型物體、極具動感或蘊含故事性和訊息的事物時，常常可以感受到這樣的力量。不同的拍攝方法和APP都可以強化視覺力量，因此多練習絕對不是壞事。

例如，假設我們在拍創業18論壇的讀書會照片。照一般方式拍攝的話，大概只會看到一位大叔（我）和白板……。這樣的畫面顯得無趣平淡。如果將鏡頭轉向豪華的會場，讓眾多女性學員笑著擊掌的模樣入境，就可以讓看到這張照片的人，留下截然不同的印象。

另外，來參加創業18論壇的學員中，包括了努力朝創業邁進的20～59歲上班族，以生動的「畫面」呈現他們的模樣也非常重要。透過畫面的呈現，不僅可以分享活動的實況，也能告訴大家「20～59幾歲的你，也可以來參加活動」。電視節目經常邀請年輕和資深藝人同台對吧。這也是在告訴觀眾「這是適合男女老少闔家觀賞的節目」。

最後我要再提醒兩點。第一，**拍攝別人的時候，請獲得當事人的同意**。第二，若有路人或不適合露臉的人出現在照片中，請以馬賽克做好處理，**尊重別人的隱私權**。創業18論壇的照片和影片，主要的目的在於展現眾人亮眼的笑容，但除了我之外，我們會為所有參加者打上馬賽克。

④設立網站

開始架設網站吧。架設網站的優點，除了網站可以成為資訊發布的平台之外，還可以「整理你正在進行的工作」、「檢查哪一部分不足」。**「同業刊登在網站上的基本資訊，你也要公布在自己的網站上」**，做到這一點，看起來就會是個有模有樣的企業家。

順利架設網站的訣竅在於**「先自己做一個臨時網站」**。很多人一聽到我這麼說，會心想「但是我不懂怎麼製作網站啊」。不用擔心。只是「臨時」的網站。讓我依序說明。

首先，請利用可以協助你自行架設網站的服務，申請一個帳號。我推薦的服務有下列兩個：

Ameba Ownd　https://www.amebaownd.com/

Jimdo　https://jp.jimdo.com/

選好版型、做好基本設定之後，接下來請**「搜尋同業的網站」**。我建議用Google仔細搜尋。出現在搜尋結果前幾名的網站，不適合現在的你參考。那些都是大規模的企業。由於這些企業很可能砸重金和時間在行銷上，因此沒有參考價值。請將搜尋結果往下拉，找出三個值得參考的同業網站。

〈找同業網站的重點〉

- 內容值得參考。
- 展現理念的方式值得參考。
- 設計值得參考。

找到適合的同業網站後，接著觀察網站上提供了哪些頁面選項。應該都會有以下這些頁面吧：

- 首頁
- 公司簡介（資料）
- 個資保護和法律規範
- 商品介紹
- FAQ
- 聯絡表單

雖然依業種而異，不過應該有很多頁面你會覺得「也應該放在自己的網站上」。模仿同業網站的架構、每個頁面提供了什麼資訊，製作出一樣的網站，例如「首頁可以看到最新資訊、董事長致詞」、「左上角公司LOGO下方的選單中，有5個連結連到商品的介紹頁面。最右邊則是洽詢表單」等。

製作臨時網站時，很重要的一點是**「顧好文字的部分即可」**。雖然不免會在意設計，但是請先不要管這部分。

撇除設計，先將網站的文字補滿。由於毫無設計可言，所以你的網站看起來很陽春吧。不過，不必在意這一點。就算設計得很美，但若商品說明不足或者必要資料不夠充分，就完全沒有意義。先模仿其他公司，將你過去寫過的通知和廣告詞放到網站中，**並且發布的商品說明等文章**。

完成上述作業後，接著就是放上**你曾經張貼在SNS上的照片、顧客對活動的評價等**。如果你真的找不到東西放上網站，那就請籌備活動、慢慢累積素材。

而且，當你利用業者的服務來製作網站，就會陸續接到電話或email，問你「要不要架設網站？」這是因為使用這些服務、努力製作網站的你，是網站架設業者的理想顧客。接到業務的電話時，請鄭重地拒絕。理由如下：

❑ 把設計交給專家

網站內容充實夠了，只剩下設計問題的話，請盡量委託「朋友」或「朋友介紹的業者」設計網站。讓他們看你的網站和你喜歡的網站版型，告訴他們「你希望套用這樣的版型來呈現這部分的內容，並且希望有專屬的網域」，請他們報價。

委託朋友設計網站的理由在於**溝通**。若發包方是外行人，受託者就必須確實做好溝通工作，努力讓雙方達到共識。

不過，網站製作業者也是跟時間賽跑的技術性工作。業者無法時時應付顧客不明確的指示或三心二意。他們通常會要求顧客「提出需求表（規格、版型）」。然而，對於沒有製作過網站的人而言，這是一項很困難的作業。你沒有提出需求，業者就不會幫你做。我以前也曾經隨便請別人做網站，最後的成品完全不能用，現在還閒置著。

先自己做出一個臨時的網站，**再交給朋友設計，就算無法清楚提出需求，透過溝通也能獲得協助**（可能性較高）。

網站設計好之後，還沒結束。你必須**用心經營網站，就像經營SNS的帳號一樣**，讓基本資料看起來更有吸引力、增添實績到網站上等。

多數瀏覽者都是透過搜尋引擎或SNS找到你的網站。對你的商品和你感興趣的人，幾乎都會瀏覽你的基本資料和公司介紹。總之，他們會好奇「你是誰？」、「你值得信任嗎？」。因此，在基本資料中充分介紹自己非常重要。

❑ 如何寫出簡明的自我介紹

將基本資料**分成四個部分**，寫起來就會變簡單。

首先，第一個部分是**名字和頭銜**。請讓大家一看就知道你在做什麼、你是哪方面的專家。

第二是分享你**如何成為這個領域的專家，為什麼你可以解決或協助客戶解決問題**。寫出你經歷過的挫折以及你如何化危機為轉機。

第三點要提到的是**實績**。列出你所有的豐功偉業。雖然有些人認為自己「還沒做出成績」，但這是因為過度拘泥於「事業上的實績」才會產生這種感覺。假設有一個人想要成為聯誼活動顧問，即使尚未累積任何客戶人，但還是可以從私生活或正職工作的經驗切入，例如「有過三段婚姻」或「曾經為30人以上提供諮詢服務」。請想一想有哪些經驗可以當作自己的實績。

第四點是分享**你的願景，說說你希望幫助哪些人、你想要透過事業，對社會做出什麼貢獻**。

基本上，只要有提到這幾點，「基本資料」就完成了。接下來，只要持續更新實績即可。

❑ 讓網站更容易被搜尋引擎搜到

很多瀏覽者都是從搜尋引擎連到你的網站。因此，你必須充實網站的內容。世界上有一中稱為搜尋引擎優化（SEO）的技術，用來提升搜尋排名，原則上的做法就是發布高度專業和高品質的資訊，並且增加資訊量（※要注意的細節約200多項，但這些都可以放到後面討論）。

首先，請先從發布高專業、高品質的資訊以及增加資訊量開始做起。具體而言，**你可以針對自己的專業，寫一篇Q&A**。

我在創業18論壇的網站上，也把會員實際問過的問題整理成Q&A，例如「沒耐性也可以創業嗎?」、「臉書有助於商品曝光嗎?」、「怎麼增加心理諮詢的來客數?」等。由於採問答方式呈現，因此不怕沒東西寫，也可以為讀者解惑，因此可以得到很多點閱率〔※這種方式稱為**長尾SEO**（long-tail SEO）〕。

不花錢請寫手，就不可能快速增加文章的篇數。從創業到退休，一個網站要經營好幾十年，因此有時間就就多寫些文章，慢慢豐富內容。

〔※「YMYL」（Your Money or Your Life）範疇（金融、醫療、法律等）的網頁，是Google設立的機制，一般人很難讓自己的網頁排序在搜尋結果的前幾名。〕

⑤建立以網站為核心的集客流程

這是個手機使用率高於電腦的時代。人們打開APP的頻率更勝網站。越來越多人有這樣的感受。排在Google搜尋結果前幾名的，不是公家機關、大企業，就是砸錢發布大量資訊的強者。照這種情況來看，當然會有更多人喜歡用APP。過去，APP的研發費用相當貴，大概落在100萬日圓～1000萬日圓，不利私人事業推出APP，但是，在我寫這本書的二〇一九年六、七月間，我已經看到了一絲曙光。

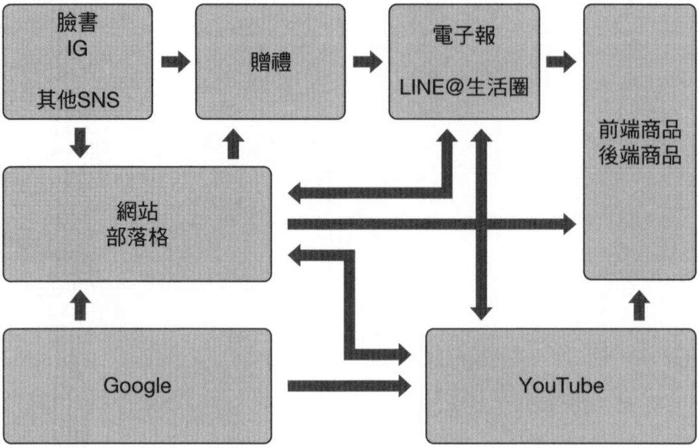

〈APP製作服務推薦〉（日文）

Appy Pie　https://jp.appypie.com/

Joint Apps　https://www.jointapps.net/

Buildy　https://buildyapp.com/ja/

使用這些服務，就能以便宜的價格製作APP。雖然吸引使用者下載APP、讓他們掏錢購買商品、服務並不容易，想推出APP還要思考如何將使用者誘導至後端商品等各種問題，但如果你的東西適合透過APP來發布，那就值得一試。

若你想從最基本的網站開始著手，那就請利用前面100分「知識」的第④部分（第265頁）製作網站，以此為中心展開事業。圖解如上。

以這樣的方式將原本獨立的各類媒體排列出來，就可以清楚看到每種媒體的功能。

使用這些媒體，都是為了將顧客引導至前端商品。所有的資訊都是針對「理想顧客」而發布，在獲得充分的信賴後，才能朝下一個階段邁進。

這些媒體大致上可分為**拉式（pull）、推式（push）**及**中間型**。拉式、推式指的是為了讓讀者閱覽資訊所採取的行動。

拉式的代表性平台是部落格。使用者從搜尋引擎找到部落格，接收到資訊。

中間型即為SNS。有新訊息時，雖然手機會發出通知，但並不一定會顯示出發文內容。

推式的代表性平台是電子報，最近崛起的則是LINE@生活圈（※如果你有自己的APP，那也算是推式的媒體）。

LINE@生活圈是LINE針對業者所提出的資訊發布服務。這是讓業者可以向使用者（顧客和粉絲）群一次發送訊息的工具（※你到居酒屋的時候，業者是否曾經告訴你，註冊免費送飲料？）。由於近來電子報經常被郵件過濾機制辨識為垃圾郵件，因此有越來越多業者轉而使用ＬＩＮＥ＠生活圈。

資訊發布者請盡量**吸引「推式」媒體的使用者**。理由在於，可以適時發布訊息，有效吸引顧客收到前端商品的資訊。

因此，業者才會像前面所說的居酒屋一樣，透過提供優惠吸引顧客註冊。由於我們要節省成本，因此可以提供特別影片或ＰＤＦ文件等獨家「資訊」。

若想透過推式媒體成功吸引顧客，除了提升第零印象（獲得充分的信賴）之外，下列三點也非常重要。

- **發文頻率**
- **發文時間**
- **發文時期**

發文頻率必須適中，不宜太頻繁或中斷太久。一般而言，**最多一天一次，最少兩週一次**。若發文次數太頻繁，很可能會被顧客解除追蹤或封鎖，而且顧客也記不住訊息。

接下來是發文時間。假設你的發文對象是上班族，那麼請配合理想顧客的生活型態，選擇通勤時間等**顧客比較有空滑手機的時間帶發文**。

最後是發文時期。假設你想把昂貴商品賣給上班族，那就請在**企業發獎金的時期**發送訊息，讓顧客對前端商品感興趣。

製造商品和發布訊息，都要多了解「理想顧客」。一切的成敗都取決在這裡。

①得到商業夥伴

在100分的「人脈」階段，你須要思考的是**「能否找到事業夥伴」**。我雖然看起來像是單獨工作，但其實我有一個團隊。就像前面說過的，我和一群核心成員已經共事超過十年。我們每個月在視訊和真實世界中見面多次，這讓我不再感到孤獨。我非常感謝他們，每次都很期待和他們開會。

無論是準備創業或正式創業，基本上你都是獨自完成。不少人因為長期一個人苦惱、一個人想辦法，所以受不了孤獨而覺得累。開導他們也是我的工作之一，但在創業的過程中，幾乎每個人都會「希望有人可以共同分擔煩惱」。

我非常可以理解這樣的心情。但是，請讓我再提醒一次。「朋友一起創業是一種風險」。我們常說「你要一個人的煩惱還是兩個人的麻煩」，朋友撕破臉或反目成仇而怒目相視的話，**那種苦是超過孤獨的**。

因此，我不建議「朋友一起創業」，而是**「與其他企業家建立合夥關係」**。透過這樣的作法，明確分配職責，雖然大家都是獨立的事業體，但卻共同經營一個事業。

這樣的商業夥伴與透過群眾外包（crowdsourcing）網站將工作外包不一樣。夥伴間的距離更近、互相信賴、相互尊敬。與我共事的七人團隊，成員都各自擁有高超的專業技術和知識，也都是獨立的企業家。我雖然會把工作委託給他們做，但我們也會一起思考事業，提供意見的夥伴。

我在75分「人脈」的「吸引力」中也說過，這樣的夥伴或許就藏身在你的顧客或部落格讀者中。我的七位夥伴，都是我過去和現在的顧客。

好的事業夥伴，可以壯大你的事業，最重要的是可以使你有大幅度的成長。首先，請先獨立創業，然後再尋找優秀的夥伴。

②與擁有自己所缺乏能力的人合作

互相補足彼此的不足、一起發展事業的行為稱為**「協同合作」**（collaboration）或**「合資」**（Joint Venture）。兩種說法都行得通，而在行銷上，與其他公司（其他人）合作、聯合，有助於事業加速發展。

例如，**顧客名單持有者**（擁有顧客資訊的人）與**物品持有者**（擁有商品的人）若能合作，就能迅速做出成績，反之也是如此。

創業之初由於缺乏集客力，所以常常必須與顧客名單持有者合作。例如，技術分享網站的使用者，即是以物品持有者的身分，使用顧客名單持有者的服務。

除了顧客名單持有者和物品持有者之外，還可以與下列幾種人合作。

行銷人員（市調人員、商品企劃、擅長網路發文的人）

銷售人員（從事實體販售的人）

ＩＴ工程師、設計師（專精電腦的人）

行政人員（擅長洞悉整體，顧及細節的人）

投資者（有錢、有人脈的人）

與那些擁有你所沒有的人合作。這是協作的基本原則。

③ 有人想走，那就放手吧！

開始做生意後，你會接觸到很多人。顧客、事業夥伴、合作客戶等，人數遠超過你還是上班族的時候。而且，一定有人會**離開你**。越看重自己的人，越無法接受這樣的事。你會想留住這些人。然而，我認為讓他們走吧！

理由有兩個。第一，**「徒勞無功」**。重要的人已經做出離開的重大決定。他恐怕不是一時衝動，而是經過深思熟慮。他只是在落實自己的決定。只有你才是突然知道這件事的人。對方早就準備好離開。

還有另一個理由是，就算你留住原本想「離開」的人，**你能否再信任這個人**，也是一個問題。你還可以放心把工作交給他嗎？這或許跟每個人的肚量有關，但心裡很可能留下疙瘩確實是現實。

想走的人，你就別留人了。當然，你平常就要時時感謝他人、與他人溝通，約束自己。然而，若說再見的時間到了，也請尊重對方的決定，笑著祝福對方。雖然你可能很想大哭一場！（經驗談）。

④ 別忘了讓親愛的家人、情人、朋友幸福

事業成功後，人通常會開始「**自大**」。有的人會得意忘形，態度傲慢無禮、有的人會過河拆橋忘恩負義、有的人會背叛朋友，踩著別人的屍體往上爬，這樣的人絕對不少。

剛創業時由於事業忙碌，因此與家人和朋友相處的時間會變少。為了避免被說「他原本不是這種人。創業後就變了」，請莫忘初衷，隨時提醒自己「**為什麼創業**」。你創業的目的，應該是為了守護家庭、珍惜重要的人以及為了擁有幸福的人生。

上進心強、野心勃勃地人，常常會忽視在身邊支持著自己的人。工作和私生活兼顧，你的人生才能圓滿。兩方面都過得充實，才算得上是真正的企業家吧。我自己也在努力實現這樣的人生。

⑤「小氣思維」所帶來的無窮損失

事業做大後，你也會認識更多上流社會的人。老實說，與上流社會打交道也要花錢，但若你產生「應酬很浪費錢」等「小氣思維」，就等於把自己成功的路封鎖了一半。

我剛才雖然寫「事業做大後，你也會認識更多上流社會的人」，但正確來講應該是**「與上流社會來往，事業才會越做越大」**。想成功，就不要拒成功人士於千里之外。**如果一個月花1萬日圓就能維持彼此的情誼，也算是很划算的投資**。

與成功人士和上流社會建立關係，可以對你的人生產生相當正面的影響。擴展人脈當然也是其中的好處之一。向比自己優秀的人看齊，是非常重要的事。

請把握這樣的**成長機會**。

想要認識上流社會的人可不是一件容易的事。有人說「開酒店不就好了？」，但這也不是一件容易的事吧！

用少許投資建立貴重的人脈。請成為能理解這個價值的企業家。

靠100分的「資金」力量闖出成功！

①投資自己的「外貌」

我在50分的「資金」力量（第157頁）中說道，「企業家也要投資健康」。讓自己與家人每天都活得健康快樂。這才是一切的基礎。

擁有健康後，才從**「由裡顧到外」**。

請建立良好的第一印象。我說過網路上的接觸是第零印象，而我現在要說的則是**「初次見面」的印象**。

女性幾乎都懂得如何打理自己，但很多35～59歲的男性，穿著邋遢，毫不在意打扮。第一印象與顏值無關。大家上班時，大多會穿著西裝，因此不會顯得突兀，但卻不一定人人都注重私下的打扮。

我們並不須要特別打扮自己。只要維持服裝乾淨、頭髮整齊、注意儀態以及口臭（※吸煙的人尤其要注意）就夠了。

〈服飾搭配諮詢服務〉（日文）

改變第一印量！成為更美好的自己　個人專屬造型師

https://www.aboveu.tokyo/

使用衣物租借服務，還可以節省費用。到網路上搜尋，看到的大多都是專為女性推出的服務，不過現在也有男性的衣物租借服務。

〈男性衣物租借服務〉（日文）

leeap　https://leeap.jp/

②投資硬體

接下來，是投資硬體設備，打造更舒適的工作環境。

我在50分「資金」的第②部分（第156頁）中談到「讓時間更有效率的投資」。當時主要建議大家投資行動通訊工具，不過在100分的階段中，則是要**投資可以提高發文內容品質的工具**。

例如，拍攝影片用的攝影機。由於影片可以發布在YouTube上、講座影片可以拿來販售，因此攝影機是生財的必備工具。雖然手機也可以拍影片，但考量長時間攝影、防手震、變焦以及自動對焦等功能，就絕對是專業的攝影機拍起來更順手。

尤其開辦講座的人，一定需要攝影機和三腳架。講座影片的用途很多，可以重看、檢視，也可以適當剪輯；在顧客註冊推式媒體時，當作贈禮送給顧客。

除此，多人會議可以準備**錄音筆**、經常舉辦活動和講座的人，則可以購入**投影機**。雖然投影機可以跟會議場地租借業者借，但以東京來講，投影機的租借費用每次約一萬日圓。也常常發生投影機接頭和電腦不合等問題，因此最好還是有自己準備比較好。

順道一提，選擇講座會場的時候，就算費用較貴，也要注意**有沒有常駐的工作人員**、是否能租借投影機等設備。選擇提供這些服務的場所，較令人放心。過去十年間，我自備的講座投影機發生過兩次故障，令我冷汗直流。

而且，如果狀況許可的話，除了主電腦之外，你還可以**再帶一台備用電腦**。這也是基於我的經驗所提供的建議，我常常在講座開始前，遇到Windows系統開始更新而動不了，或者PowerPoint在講座途中突然當機等狀況。等待重新啟動的時間雖然只有幾分鐘，但卻令人覺得度日如年……。光想到這些情景，我又不寒而慄了。

③在一流媒體上打廣告

我在第5章開門見山地說，想要增加市場的信賴，就要獲得媒體的報導。不過，就算你積極獲得媒體的關注，也未必能讓媒體為你報導。因此，**花錢買廣告也是一個方法**。雖然廣告與報導不同，無法提升市場的信賴，但卻可以讓大眾知道商品的存在，壯大事業聲勢。

買廣告時應注意的要點與透過SNS平台發布訊息一樣，都是**「在理想顧客可以接收到資訊的媒體上打廣告」**。例如，若你想觸及的是20多歲的年輕人，在報紙刊登廣告就顯得成效不彰。世界上有很多廣告服務。只要上網搜尋，就會找到很多公司。請審慎選擇媒體。

〈鎖定20歲世代的宣傳服務推薦〉（日文）

EMERALD POST https://emerald-post.com/

P-conne https://tetemarche.co.jp/p-conne/

SPIRIT https://lp.spirit-japan.com/company_info/

「經費上有點困難……」，這樣的人請**利用SNS的廣告**。臉書、IG、推特的廣告費用較便宜，且也可以詳細設定廣告受眾的屬性，不妨參考看看。詳細的廣告投放方式，請上網搜尋。

④ 投資以提升服務品質

創業之初，由於缺乏經費，所以很多服務都要親力親為。因此，許多東西都只能維持在「最低需求」。

例如，**預約系統**。有的人會利用免費部落格的聯絡表單，先獲得顧客的洽詢，後續再用email聯絡。若你的事業業績有望成長到一定程度，付些手續費投資業者建立的系統也是一個適當的做法。

〈預約系統〉

AirRESERVE https://airregi.jp/reserve/

ReservationEngine https://re.iqnet.co.jp/

活動主辦人可以考慮**升級會場**。若推廣的是前端商品，可以選擇車站附近的舒適場地。若是後端商品，則可以多考量顧客的需求，例如選擇地點較偏遠但設備豪華的場地。

而讀書會的主辦人，偶爾邀請**知名講師**來演講也不錯吧？這樣做絕對可以提高聽眾的參加意願。

靠100分的「資金」力量闖出成功！

⑤確保有足夠的錢，讓你辭職還能活下去

在100分的「資金」力量最後，我要談的是籌配足夠的資金，讓你可以辭職創業。雖然金錢並非萬能，但金錢可以解決八成的問題也是事實。我們將來也必須一直思考錢的問題，比如下列幾個課題：

- 創業資金
- 創業後的社會保險制度
- 兩種共濟制度
- 青色申報、節稅
- 成立法人（法人化）

每一項課題都專業到可以由專家出一本書來介紹。由於辦理這些事情時，主要是要了解法律和程序，因此也可以在網路上找到正確資訊。

也可以參考會計軟體公司和稅務師所提供的資訊。

〈參考網站〉（日文）

Freee的行政基礎知識　https://www.freee.co.jp/kb/

我在這裡簡單說明一下各項課題好了。

首先是「創業資金」，如果你是家裡唯一的經濟來源，那至少要準備**一年的家庭生活費和半年的事業營運資金**。離職前先累積顧客，讓自己在離職時，多少有些收入非常重要。如果要花幾年累積顧客，那麼不妨就自己的業務，看看能否以業者而非員工的身分，與公司簽訂「業務委託契約」等，尋找各種可能性。

除此之外，若你有計畫貸款、搬家或辦信用卡，請在辭職前辦好這些事。

接下來是日本的社會保險。離職成為自營業者後，從離職日起14天內，必須重新辦理加入**國民年金、國民健康保險**（※20天內可以辦理手續，繼續投保原來公司的社會保險）。

另外，有些獨立業種可以加入國民健康保險組合（必須加入組合加盟團體），節省保費。請至下列網址查詢相關內容。

日本一般業種國民健康保險組合網站　http://www.kokuhokyo.or.jp/page8-etc.html

而且，就像你所預料的，轉入國民年金後，將來的退休金也會變少。有關國民年金基金和iDeCo的部分，也請上網了解相關資訊。

日本國民年金基金　https://www.npfa.or.jp/

iDeCo　https://www.npfa.or.jp/

接著你必須了解的是兩種共濟制度「**小規模企業共濟**」和「**經營安全共濟**」（**中小企業破產防止共濟**）。「小規模企業共濟」就像是小規模事業者的退休金，「經營安全共濟」則是預防客戶破產的制度。

小規模企業共濟的保費，可以在申報所得稅時全額列舉扣除、經營安全共濟的保費，則可以算入個人事業的必要經費中，由於可以預先規劃、有助於節稅，所以有很多事業主都會加入這兩種共濟制度。

小規模企業共濟　https://www.smrj.go.jp/kyosai/skyosai/

經營安全共濟　https://www.smrj.go.jp/kyosai/tkyosai/index.html

至於日本的青色申報、節稅及成立法人的資訊，請自行參考專家出版的專業書籍，或者參考網路上的資訊。

只有一點我希望你能注意，**個人事業稅的稅率，會依申請營業登記時所填寫的業種而不**

同。大多業種為5％，不過也有3％、4％的業種，指定業者以外（藝術類等）則免稅（※當然，絕對不能造假。請向各縣市的稅務單位查詢詳細資訊）。

東京都主稅局　個人事業稅・法定業種及稅率

http://www.tax.metro.tokyo.jp/kazei/kojin_ji.html#gaiyo_04

結語
展開屬於你的「冒險旅程」！

你看完的感覺如何？網路上有很多「縱向」深度剖析創業的專業知識，本書則從「知識」、「人脈」、「資金」切入，分成各種不同的階段「橫向」彙整了創業資訊。以這樣的方式呈現，讓你可以在準備創業的實際過程中，嘗試各種事物，不氣餒地朝目標邁進。就像是在吃「套餐」，慢慢品嚐每一道小菜。如果遇到不懂的地方，就先吃完一道菜再繼續吃。你也可以採「縱向」方式閱讀，著重在「知識」部分，從25分一路閱讀到100分。

邊上班邊創業，是一場與時間的賽跑。你會感到疲憊。也會覺得沉悶。這種時候，請好好休息。

只要夢想還在，就還能走下去。往前踏出一步，就算偶爾後退了，也還會再往前邁進。現在的你應該明白努力不懈、持之以恆過後，將有美好的果實在等著你吧。

「等事情告一段落」、「再看看」、「再說吧」，當你這麼說的時候，時間已經悄悄溜走了。一樣米養百種人。打造「專屬於你的未來」，開啟這扇窗的最佳時機就是「現在」。

看過這本書之後，請一定要立刻展開你的「冒險之旅」。任何成功、失敗、挫折、喜悅，全部都是你的奇異旅程。在歡笑與淚水中，透過全身體驗前所未有的「強烈體驗」。無論結果如何，總有一天你會真心感謝「還好自己有努力過！」我也期待有一天可以看到你成就感十足的幸福笑臉。

本書所介紹的資訊，不過是冰山一角。我還有很多天天更新的知識想要與大家分享。我會在電子報中分享這些知識，歡迎大家訂閱。

創業專家・新井一的「上班族做自己喜歡的事也能創業」電子報

https://www.mag2.com/m/0001684654.html

創業想法診斷（免費）

https://kigyo18.net/shindan#/

最後，由衷感謝讓我有機會寫這本書的Diamond公司的田口昌輝、協助本書製作的宇治川裕，以及購買本書的所有讀者。

令和元年七月

新井一

BW0746

邊工作邊創業！
照著做就能成功的6個月斜槓創業法

原　書　名／会社で働きながら6カ月で起業する
作　　　者／新井 一
譯　　　者／楊毓瑩
企 畫 選 書／陳美靜
責 任 編 輯／劉芸
版　　　權／黃淑敏、翁靜如、林心紅、吳亭儀、邱珮芸
行 銷 業 務／莊英傑、周佑潔、王瑜

國家圖書館出版品預行編目（CIP）資料

邊工作邊創業！：照著做就能成功的6個月斜槓創業法／新井一著；楊毓瑩譯. -- 初版. -- 臺北市：商周出版：家庭傳媒城邦分公司發行, 2020.07
面；　公分
譯自：会社で働きながら6カ月で起業する
ISBN 978-986-477-872-0（平裝）
1.創業　2.職場成功法
494.1　　109008924

總　編　輯／陳美靜
總　經　理／彭之琬
事業群總經理／黃淑貞
發　行　人／何飛鵬
法 律 顧 問／台英國際商務法律事務所　羅明通律師
出　　　版／商周出版
台北市南港區昆陽街16號4樓
電話：(02) 2500-7008　傳真：(02) 2500-7759
E-mail: bwp.service @ cite.com.tw
發　　　行／英屬蓋曼群島商家庭傳媒股份有限公司　城邦分公司
台北市南港區昆陽街16號8樓
讀者服務專線：0800-020-299　24小時傳真服務：(02) 2517-0999
讀者服務信箱E-mail: cs@cite.com.tw
劃撥帳號：19833503　戶名：英屬蓋曼群島商家庭傳媒股份有限公司城邦分公司
訂 購 服 務／書虫股份有限公司客服專線：(02) 2500-7718；2500-7719
服務時間：週一至週五上午09:30-12:00；下午13:30-17:00
24小時傳真專線：(02) 2500-1990；2500-1991
劃撥帳號：19863813　戶名：書虫股份有限公司
E-mail: service@readingclub.com.tw
香港發行所／城邦（香港）出版集團有限公司
香港九龍土瓜灣土瓜灣道86號順聯工業大廈6樓A室
電話：(852) 2508-6231　傳真：(852) 2578-9337
馬新發行所／城邦（馬新）出版集團
Cite (M) Sdn. Bhd.
41, Jalan Radin Anum, Bandar Baru Sri Petaling, 57000 Kuala Lumpur, Malaysia.
電話：(603) 9056-3833　傳真：(603) 9057-6622　E-mail: services@cite.my

封 面 設 計／黃宏穎
印　　　刷／韋懋實業有限公司
經　銷　商／聯合發行股份有限公司　電話：(02) 2917-8022　傳真：(02) 2911-0053
地址：新北市新店區寶橋路235巷6弄6號2樓

■2020年7月9日初版1刷
■2024年5月9日初版2.7刷
Printed in Taiwan

定價360元
ISBN 978-986-477-872-0